초등
수학

한 권으로

서술형

끝

※ 검토해 주신 분들

최현지 선생님 (서울자곡초등학교)
서채은 선생님 (EBS 수학 강사)
이소연 선생님 (L MATH 학원 원장)

한 권으로 초등수학 서술형 끝 **7**

지은이 나소은·넥서스수학교육연구소
펴낸이 임상진
펴낸곳 (주)넥서스

초판 1쇄 발행 2020년 7월 30일
초판 2쇄 발행 2020년 8월 03일

출판신고 1992년 4월 3일 제311-2002-2호
10880 경기도 파주시 지목로 5
Tel (02)330-5500 Fax (02)330-5555

ISBN 979-11-6165-876-6 64410
      979-11-6165-869-8 (SET)

www.nexusbook.com
www.nexusEDU.kr/math

생각대로 술술 풀리는

#교과연계 #창의수학 #사고력수학 #스토리텔링

초등
수학

한 권으로

서술형

끝

나소은·넥서스수학교육연구소 지음

7

초등수학

4-1 과정

넥서스에듀

〈한 권으로 서술형 끝〉으로 끊임없는 나의 고민도 끝!

문제를 제대로 읽고 답을 했다고 생각했는데, 쓰다 보니 자꾸만 엉뚱한 답을 하게 돼요.

문제에서 어떠한 정보를 주고 있는지, 최종적으로 무엇을 구해야 하는지 정확하게 파악하는 단계별 훈련이 필요해요.

독서량은 많지만 논리 정연하게 답을 정리하기가 힘들어요.

독서를 통해 어휘력과 문장 이해력을 키웠다면, 생각을 직접 글로 써보는 연습을 해야 해요.

서술형 답을 어떤 것부터 써야 할지 모르겠어요.

문제에서 구하라는 것을 찾기 위해 어떤 조건을 이용하면 될지 짝을 지으면서 "A이므로 B임을 알 수 있다."의 서술 방식을 이용하면 답안 작성의 기본을 익힐 수 있어요.

시험에서 부분 점수를 자꾸 깎이는데요, 어떻게 해야 할까요?

직접 쓴 답안에서 어떤 문장을 꼭 써야 할지, 정답지에서 제공하고 있는 '채점 기준표'를 이용해서 꼼꼼하게 만점 맞기 훈련을 할 수 있어요.
만점은 물론, 창의력 + 사고력 향상도 기대하세요!

왜 〈한 권으로 서술형 끝〉으로 공부해야 할까요?

서술형 문제는 종합적인 사고 능력을 키우는 데 큰 역할을 합니다. 또한 배운 내용을 총체적으로 검증할 수 있는 유형으로 논리적 사고, 창의력, 표현력 등을 키울 수 있어 많은 선생님들이 학교 시험에서 다양한 서술형 문제를 통해 아이들을 훈련하고 계십니다. 부모님이나 선생님들을 위한 강의를 하다 보면, 학교에서 제일 어려운 시험이 서술형 평가라고 합니다. 어디서부터 어떻게 가르쳐야 할지, 논리력, 사고력과 연결되는 서술형은 어떤 책으로 시작해야 하는지 추천해 달라고 하십니다.

서술형 문제는 창의력과 사고력을 근간으로 만들어진 문제여서 아이들이 스스로 생각해보고 직접 문제에 대한 답을 찾아나갈 수 있는 과정을 훈련하도록 해야 합니다. 서술형 학습 훈련은 먼저 문제를 잘 읽고, 무엇을 풀이 과정 및 답으로 써야 하는지 이해하는 것이 핵심입니다. 그렇다면, 문제도 읽기 전에 힘들어하는 아이들을 위해, 서술형 문제를 완벽하게 풀 수 있도록 훈련하는 학습 과정에는 어떤 것이 있을까요?

문제에서 주어진 정보를 이해하고 단계별로 문제 풀이 및 답을 찾아가는 과정이 필요합니다.
먼저 주어진 정보를 찾고, 그 정보를 이용하여 수학 규칙이나 연산을 활용하여 답을 구해야 합니다.
서술형은 글로 직접 문제 풀이를 써내려 가면서 수학 개념을 이해하고 있는지 잘 정리하는 것이 핵심이어서 주어진 정보를 제대로 찾아 이해하는 것이 가장 중요합니다.

서술형 문제도 단계별로 훈련할 수 있음을 명심하세요! 이러한 과정을 손쉽게 해결할 수 있도록 교과서 내용을 연계하여 집필하였습니다. 자, 그럼 "한 권으로 서술형 끝" 시리즈를 통해 아이들의 창의력 및 사고력 향상을 위해 시작해 볼까요?

EBS 초등수학 강사 **나소은**

나소은 선생님 소개

- ◐ (주)아이눈 에듀 대표
- ◐ EBS 초등수학 강사
- ◐ 좋은책신사고 쎈닷컴 강사
- ◐ 아이스크림 홈런 수학 강사
- ◐ 천재교육 밀크티 초등 강사

- ◑ 교원, 대교, 푸르넷, 에듀왕 수학 강사
- ◑ Qook TV 초등 강사
- ◑ 방과후교육연구소 수학과 책임
- ◑ 행복한 학교(재) 수학과 책임
- ◑ 여성능력개발원 수학지도사 책임 강사

구성 및 특징

초등수학 서술형의 끝을 향해
여행을 떠나볼까요?

STEP 1 대표 문제 맛보기

핵심유형 1 ☆ 다섯 자리 수

STEP 1 대표 문제 맛보기

민수는 10000원짜리 지폐 3장, 1000원짜리 지폐 2장, 100원짜리 동전 6개를 모았습니다. 민수는 자신이 모은 돈으로 운동화를 사기 위해 운동화의 가격을 살펴보았습니다. 민수가 모은 돈으로 살 수 있는 운동화는 어떤 것인지 기호를 쓰려고 합니다. 풀이 과정을 쓰고, 답을 구하세요.

(가) 운동화: 52000원 (나) 운동화: 41000원 (다) 운동화: 55200원

1단계 알고 있는 것 (가) 운동화 가격 : ☐ 원 (나) 운동화 가격 : ☐ 원
(다) 운동화 가격 : ☐ 원

2단계 구하려는 것 민수가 모은 돈으로 살 수 있는 ☐ 를 기호로 쓰려고 합니다.

3단계 문제 해결 방법 먼저 모은 돈이 모두 얼마인지 구하여 그 돈으로 살 수 있는 ☐ 가 어떤 것인지 알아봅니다.

4단계 문제 풀이 과정 10000원짜리 지폐가 ☐ 장 → ☐ 원
1000원짜리 지폐가 ☐ 장 → ☐ 원
100원짜리 동전이 ☐ 개 → ☐ 원
(민수가 모은 돈)
= ☐ + ☐ + ☐
= ☐ (원)

5단계 구하려는 답 따라서 민수가 살 수 있는 운동화는 ☐ 운동화입니다.

12

처음이니까 서술형 답을 어떻게 쓰는지 5단계로 정리해서 알려줄게요! 교과서에 수록된 핵심 유형을 맛볼 수 있어요.

'Step1'과 유사한 문제를 따라 풀어보면서 다시 한 번 익힐 수 있어요!

STEP 2 따라 풀어보기

STEP 2 따라 풀어보기

민석이는 10000원짜리 지폐 2장, 1000원짜리 지폐 3장, 100원짜리 동전 1개, 10원짜리 동전 4개를 모았습니다. 민석이가 모은 돈으로 살 수 있는 장난감은 어떤 것인지 풀이 과정을 쓰고, 답을 구하세요.

자동차: 23000원 기차: 47000원

1단계 알고 있는 것 장난감 자동차의 가격: ☐ 원
장난감 기차의 가격: ☐ 원

2단계 구하려는 것 민석이가 가진 돈으로 살 수 있는 ☐ 이 어떤 것인지 구하려고 합니다.

3단계 문제 해결 방법 ☐ 이가 모은 돈이 모두 얼마인지 구하여 그 돈으로 살 수 있는 ☐ 을 알아봅니다.

4단계 문제 풀이 과정 10000원짜리 지폐가 ☐ 장 → ☐ 원
1000원짜리 지폐가 ☐ 장 → ☐ 원
100원짜리 동전이 ☐ 개 → ☐ 원
10원짜리 동전이 ☐ 개 → ☐ 원
(민석이가 모은 돈)
= ☐ + ☐ + ☐ + ☐
= ☐ (원)

5단계 구하려는 답

① 큰수 · 13

STEP 3 스스로 풀어보기

STEP 3 스스로 풀어보기

1. 숫자 카드를 한 번씩 사용하여 다섯 자리 수를 만들려고 합니다. 천의 자리 숫자가 9인 가장 작은 수는 얼마인지 풀이 과정을 쓰고, 답을 구하세요.

2 5 7 8 9

풀이

천의 자리 숫자가 ☐ 인 다섯 자리 수는 ○9○○○입니다. 가장 작은 수를 만들려면 높은 자리부터 (큰 , 작은) 수를 차례로 놓습니다. 9를 제외한 나머지 수를 비교하면
☐ < ☐ < ☐ < ☐ 이므로 천의 자리 숫자가 ☐ 인 가장 작은 수는
☐ 입니다.

답

2. 숫자 카드를 한 번씩 사용하여 다섯 자리 수를 만들려고 합니다. 백의 자리 숫자가 8인 가장 큰 수는 얼마인지 풀이 과정을 쓰고, 답을 구하세요.

1 4 5 7 8

풀이

답

14

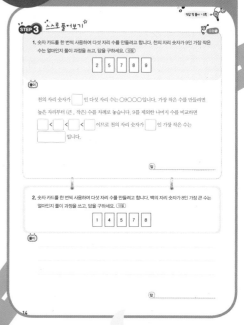

앞에서 학습한 핵심 유형을 생각하며 다시 연습해보고, 쌍둥이 문제로 따라 풀어보세요! 서술형 문제를 술술 생각대로 풀 수 있답니다.

실력 다지기

창의 융합, 생활 수학, 스토리텔링, 유형 복합 문제 수록!

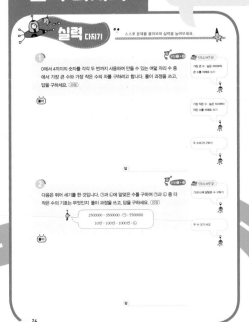

이제 실전이에요. 새 교육과정의 핵심인 '융합 인재 교육'에 알맞게 창의력, 사고력 문제들을 풀며 실력을 탄탄하게 다져보세요!

+ 추가 콘텐츠

www.nexusEDU.kr/math

단원을 마무리하기 전에 넥서스에듀 홈페이지 및 QR코드를 통해 제공하는 '스페셜 유형'과 다양한 '추가 문제'로 부족한 부분을 보충하고 배운 것을 추가적으로 복습할 수 있어요.
또한, '무료 동영상 강의'를 통해 교과와 연계된 개념 정리와 해설 강의를 들을 수 있어요.

QR코드를 찍으면 동영상 강의를 들을 수 있어요.

나만의 문제 만들기

서술형 문제를 거꾸로 풀어 보면 개념을 잘 이해했는지 확인할 수 있어요! '나만의 문제 만들기'를 풀면서 최종 실력을 체크하는 시간을 가져보세요!

정답 및 해설

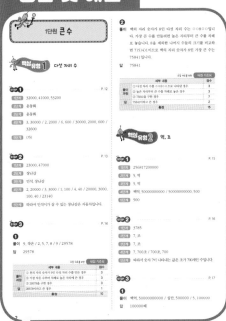

자세한 답안과 단계별 부분 점수를 보고 채점해보세요! 어떤 부분이 부족한지 정확하게 파악하여 사고력, 논리력을 키울 수 있어요!

차례

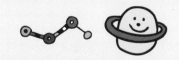

5 막대그래프

6 규칙 찾기

1. 큰 수

STEP 1 대표 문제 맛보기

민수는 10000원짜리 지폐 3장, 1000원짜리 지폐 2장, 100원짜리 동전 6개를 모았습니다. 민수는 자신이 모은 돈으로 운동화를 사기 위해 운동화의 가격을 살펴보았습니다. 민수가 모은 돈으로 살 수 있는 운동화는 어떤 것인지 기호를 쓰려고 합니다. 풀이 과정을 쓰고, 답을 구하세요. (8점)

> (가) 운동화: 32000원　　(나) 운동화: 41000원　　(다) 운동화: 53200원

1단계 알고 있는 것 (1점)

(가) 운동화 가격 : [ ] 원, (나) 운동화 가격 : [ ] 원

(다) 운동화 가격 : [ ] 원

2단계 구하려는 것 (1점)

민수가 모은 돈으로 살 수 있는 [ ] 를 기호로 쓰려고 합니다.

3단계 문제 해결 방법 (2점)

먼저 모은 돈이 모두 얼마인지 구하여 그 돈으로 살 수 있는

[ ] 가 어떤 것인지 알아봅니다.

4단계 문제 풀이 과정 (3점)

10000원짜리 지폐가 [ ] 장 → [ ] 원

1000원짜리 지폐가 [ ] 장 → [ ] 원

100원짜리 동전이 [ ] 개 → [ ] 원

(민수가 모은 돈)

= [ ] + [ ] + [ ]

= [ ] (원)

5단계 구하려는 답 (1점)

따라서 민수가 살 수 있는 운동화는 [ ] 운동화입니다.

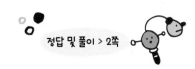

STEP 2 따라 풀어보기 ☆

민석이는 10000원짜리 지폐 2장, 1000원짜리 지폐 3장, 100원짜리 동전 1개, 10원짜리 동전 4개를 모았습니다. 민석이가 모은 돈으로 살 수 있는 장난감은 어떤 것인지 풀이 과정을 쓰고, 답을 구하세요. (9점)

자동차: 23000원 기차: 47000원

1단계 알고 있는 것 (1점)

장난감 자동차의 가격: ☐ 원

장난감 기차의 가격: ☐ 원

2단계 구하려는 것 (1점)

민석이가 가진 돈으로 살 수 있는 ☐ 이 어떤 것인지 구하려고 합니다.

3단계 문제 해결 방법 (2점)

☐ 이가 모은 돈이 모두 얼마인지 구하여 그 돈으로 살 수 있는 ☐ 을 알아봅니다.

4단계 문제 풀이 과정 (3점)

10000원짜리 지폐가 ☐ 장 → ☐ 원

1000원짜리 지폐가 ☐ 장 → ☐ 원

100원짜리 동전이 ☐ 개 → ☐ 원

10원짜리 동전이 ☐ 개 → ☐ 원

(민석이가 모은 돈)

= ☐ + ☐ + ☐ + ☐

= ☐ (원)

5단계 구하려는 답 (2점)

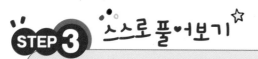

STEP 3

1. 숫자 카드를 한 번씩 사용하여 다섯 자리 수를 만들려고 합니다. 천의 자리 숫자가 9인 가장 작은 수는 얼마인지 풀이 과정을 쓰고, 답을 구하세요. [10점]

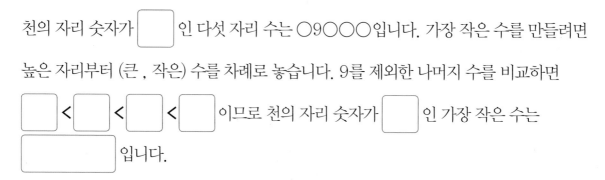

풀이

천의 자리 숫자가 ☐ 인 다섯 자리 수는 ○9○○○입니다. 가장 작은 수를 만들려면

높은 자리부터 (큰 , 작은) 수를 차례로 놓습니다. 9를 제외한 나머지 수를 비교하면

☐ < ☐ < ☐ < ☐ 이므로 천의 자리 숫자가 ☐ 인 가장 작은 수는

☐ 입니다.

답 _____

2. 숫자 카드를 한 번씩 사용하여 다섯 자리 수를 만들려고 합니다. 백의 자리 숫자가 8인 가장 큰 수는 얼마인지 풀이 과정을 쓰고, 답을 구하세요. [15점]

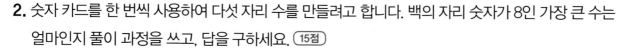

풀이

_____

_____

_____

답 _____

14

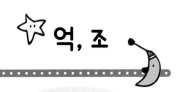

STEP 1 대표 문제 맛보기

주어진 수에서 숫자 5가 나타내는 값은 억이 몇 개인 수인지 구하려고 합니다. 풀이 과정을 쓰고, 답을 구하세요. (8점)

256817200000

1단계 알고 있는 것 (1점)

주어진 수 : ☐

2단계 구하려는 것 (1점)

숫자 ☐ 가 나타내는 값은 ☐ 이 몇 개인 수인지 구하려고 합니다.

3단계 문제 해결 방법 (2점)

숫자 ☐ 가 어느 자리 숫자인지 확인하고 ☐ 이 몇 개인지 구하여 해결합니다.

4단계 문제 풀이 과정 (3점)

256817200000에서 숫자 5는 ☐ 의 자리 숫자이므로

☐ 을 나타냅니다.

☐ 은 억이 ☐ 인 수입니다.

5단계 구하려는 답 (1점)

따라서 숫자 5가 나타내는 값은 억이 ☐ 개인 수입니다.

주어진 수에서 숫자 7이 나타내는 값은 조가 몇 개인 수인지 구하려고 합니다. 풀이 과정을 쓰고, 답을 구하세요. (9점)

3785조 1469억

1단계 **알고 있는 것** (1점)

주어진 수 : [ ] 조 1469억

2단계 **구하려는 것** (1점)

숫자 [ ] 이 나타내는 값은 (조 , 억)이(가) 몇 개인 수인지 구하려고 합니다.

3단계 **문제 해결 방법** (2점)

숫자 [ ] 이 어느 자리 숫자인지 확인하고 (조 , 억)이(가) 몇 개인지 구합니다.

4단계 **문제 풀이 과정** (3점)

3785조 1469억에서 숫자 [ ] 은 백조의 자리 숫자이므로 나타내는 값은 [ ] 을(를) 나타냅니다.

[ ] 는 조가 [ ] 개인 수입니다.

5단계 **구하려는 답** (2점)

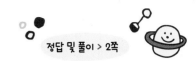
STEP 3 스스로 풀어보기 ☆

유형 ②

1. ㉠이 나타내는 값은 ㉡이 나타내는 값의 몇 배인지 풀이 과정을 쓰고, 답을 구하세요. [10점]

325237**2**500**0**00
   ㉠   ㉡

풀이

㉠의 숫자 5는 [   ]의 자리 숫자이므로 [   ]을 나타냅니다.

㉡의 숫자 5는 [   ]의 자리 숫자이므로 [   ]을 나타냅니다.

50000000000은 500000보다 0이 [   ]개 더 많으므로

㉠이 나타내는 수는 ㉡이 나타내는 수의 [   ]배입니다.

답 _____

2. ㉡에서 숫자 3이 나타내는 값은 ㉠에서 숫자 3이 나타내는 값의 몇 배인지 풀이 과정을 쓰고, 답을 구하세요. [15점]

㉠ 5696380000

㉡ 271368790000

 풀이

답 _____

 뛰어 세기

STEP 1 대표 문제 맛보기

지영이는 수학 캠프를 가려고 합니다. 수학 캠프 참가비는 76000원이고 현재 지영이가 가진 돈은 36000원입니다. 지영이가 매달 10000원씩 저금을 하면 몇 개월 후에 참가비를 다 모을 수 있을지 풀이 과정을 쓰고, 답을 구하세요. (8점)

1단계 알고 있는 것 (1점)

수학 캠프 참가비 : ☐ 원

현재 가지고 있는 금액 : ☐ 원

매달 저금할 금액 : ☐ 원

2단계 구하려는 것 (1점)

몇 개월 후에 ☐ 을(를) 다 모을 수 있을지 구하려고 합니다.

3단계 문제 해결 방법 (2점)

현재 금액 ☐ 원에서 ☐ 씩 뛰어 세기를 한 횟수를 구하여 해결합니다.

4단계 문제 풀이 과정 (3점)

36000에서부터 ☐ 씩 뛰어 세기를 하면 만의 자리 숫자가 1씩 커집니다.

36000 – ☐ – ☐ – ☐ – 76000

　　　　　1개월 후　　　　2개월 후　　　　3개월 후　　　4개월 후

5단계 구하려는 답 (1점)

따라서 ☐ 개월 후에 참가비를 다 모을 수 있습니다.

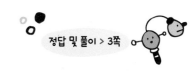

STEP 2 따라 풀어보기 ☆

민재네 자동차는 1년에 20000 km를 달립니다. 지금까지 달린 거리가 20000 km 일 때 달린 총 거리가 100000 km가 되는 때는 지금부터 몇 년 후인지 풀이 과정을 쓰고, 답을 구하세요. (9점)

1단계 알고 있는 것 (1점)

1년에 달린 거리 : ☐ km

지금까지 달린 거리 : ☐ km

2단계 구하려는 것 (1점)

달린 총 거리가 ☐ km가 되는 때는 지금부터 몇 년 (전 , 후)인지 구하려고 합니다.

3단계 문제 해결 방법 (2점)

☐ 에서부터 ☐ 씩 뛰어 세기를 한 횟수를 구하여 해결합니다.

4단계 문제 풀이 과정 (3점)

20000에서부터 100000이 될 때까지 ☐ 씩 뛰어 세기를 하면 만의 자리 숫자가 ☐ 씩 커집니다.

20000 — ☐ — ☐ — ☐
　　　　　1년 후　　　　2년 후　　　　3년 후

— ☐
　4년 후

5단계 구하려는 답 (2점)

STEP 3 스스로 풀어보기 ☆

1. ㉠에 알맞은 수에서 10억씩 뛰어 세기를 4번 했더니 다음과 같습니다. ㉠에 알맞은 수는 무엇인지 풀이 과정을 쓰고, 답을 구하세요. [10점]

㉠ - □ - □ - □ - 90억

풀이

90억에서 [   ] 씩 거꾸로 뛰어 세기를 [   ] 번 하면 십억의 자리 숫자가 1씩

작아지므로 90억 – 80억 – [   ] – [   ] – [   ] 입니다.

따라서 ㉠에 알맞은 수는 [   ] 입니다.

답 _____

2. ㉠에 알맞은 수에서 20조씩 뛰어 세기를 3번 했더니 다음과 같습니다. ㉠에 알맞은 수는 무엇인지 풀이 과정을 쓰고, 답을 구하세요. [15점]

㉠ - □ - □ - 4610조

풀이

답 _____

STEP 1 대표 문제 맛보기

우리나라 인구수는 약 5100만 명입니다. 이 중 서울의 인구수는 9732577명이고, 경기도 인구수는 13228177명이라고 합니다. 두 지역 중 인구수가 더 많은 지역은 어디인지 풀이 과정을 쓰고, 답을 구하세요. (8점)

1단계 알고 있는 것 (1점)

서울 인구수 : ◻ 명

경기도 인구수 : ◻ 명

2단계 구하려는 것 (1점)

◻ 과 경기도 중 인구수가 더 (많은 , 적은) 지역을 구하려고 합니다.

3단계 문제 해결 방법 (2점)

서울의 인구수 ◻ 과 경기도의 인구수

◻ 의 자리 수를 비교하여 자리 수가 더

(많은 , 적은) 수를 찾습니다.

4단계 문제 풀이 과정 (3점)

서울 인구수는 ◻ 로 ◻ 자리 수이고,

경기도 인구수는 ◻ 로 ◻ 자리 수입니다.

자리 수가 많은 수가 더 ◻ 수이므로 9732577 ◻ 13228177

입니다.

5단계 구하려는 답 (1점)

따라서 ◻ 의 인구수가 더 많습니다.

월드컵 경기장은 월드컵을 개최하는 나라에서 경기를 치르기 위하여 만든 경기장으로 월드컵이 끝난 뒤에도 축구 이외의 다른 운동 경기를 치를 수 있도록 짓기도 합니다. 대전 월드컵 경기장의 관람석은 40535석이고 서울 월드컵 경기장의 관람석은 66806석 입니다. 어느 경기장의 관람석 수가 더 많은지 풀이 과정을 쓰고, 답을 구하세요. (9점)

1단계 알고 있는 것 (1점)

대전 월드컵 경기장의 관람석 : ☐ 석

서울 월드컵 경기장의 관람석 : ☐ 석

2단계 구하려는 것 (1점)

☐ 월드컵 경기장과 서울 월드컵 경기장 중 관람석 수가 더 (많은 , 적은) 경기장을 구하려고 합니다.

3단계 문제 해결 방법 (2점)

40535와 ☐ 의 크기를 비교하여 더 (큰 , 작은) 수를 찾습니다.

4단계 문제 풀이 과정 (3점)

40535와 ☐ 은(는) 모두 ☐ 자리 수이므로 가장 높은 자리의 수인 4와 ☐ 을(를) 비교합니다.

4 < 6이므로 가장 높은 자리의 수가 더 큰 수가 크므로

☐ < ☐ 입니다.

5단계 구하려는 답 (2점)

_____

123

이것만 알면 문제 해결 OK!

📌 큰 수의 크기 비교

❶ 자리 수가 다르면 자리 수가 많은 쪽이 더 크다.

❷ 자리 수가 같으면 가장 높은 자리 수부터 차례로 비교하여 수가 큰 쪽이 더 크다.

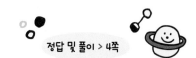

 **STEP 3**

유형④

1. 0부터 9까지의 수 중에서 □ 안에 들어갈 수 있는 수를 모두 구하려고 합니다. 풀이 과정을 쓰고, 답을 구하세요. [10점]

> 39457657 < 3945□701

풀이

39457657 < 3945□701에서 두 수는 자리 수가 같으므로 (높은 , 낮은) 자리 수부터 차례로

비교합니다. [ ]의 자리, 백만의 자리, 십만의 자리, [ ]의 자리 수가 서로 같고

[ ]의 자리는 6 < 7이므로 □ 안에는 [ ]이거나 [ ]보다 큰 수가 들어갈 수 있습니다.

따라서 □ 안에 들어갈 수 있는 수는 [ ], [ ], [ ] 입니다.

답 _____

2. 0부터 9까지의 수 중에서 □ 안에 들어갈 수 있는 수를 모두 구하려고 합니다. 풀이 과정을 쓰고, 답을 구하세요. [15점]

> 968□75143 < 968463415

풀이

답 _____

1

0에서 4까지의 숫자를 각각 두 번까지 사용하여 만들 수 있는 여덟 자리 수 중에서 가장 큰 수와 가장 작은 수의 차를 구하려고 합니다. 풀이 과정을 쓰고, 답을 구하세요. 20점

풀이

힌트로 해결 끝!

가장 큰 수 : 높은 자리부터 큰 수를 차례로 쓰기

가장 작은 수 : 높은 자리부터 작은 수를 차례로 쓰기

두 수의 차 구하기

답 _____

2

다음은 뛰어 세기를 한 것입니다. ㉠과 ㉡에 알맞은 수를 구하여 ㉠과 ㉡ 중 더 작은 수의 기호는 무엇인지 풀이 과정을 쓰고, 답을 구하세요. 20점

2500000 - 3500000 - ㉠ - 5500000

10만 - 100만 - 1000만 - ㉡

풀이

힌트로 해결 끝!

㉠과 ㉡에 알맞은 수 구하기

두 수 크기 비교

답 _____

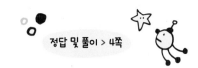

3 창의융합

힌트로 해결 끝!

이웃한 세 숫자의 합이 항상 14임을 이용해요!

억의 자리 숫자가 7이고 일의 자리 숫자가 4인 아홉 자리 수를 만들려고 합니다. 만든 9자리 수에서 서로 이웃한 세 숫자의 합이 항상 14일 때 9자리 수를 구하는 풀이 과정을 쓰고, 답을 구하세요. 20점

| 7 | ㉠ | ㉡ | ㉢ | ㉣ | ㉤ | ㉥ | ㉦ | 4 |

풀이

왼쪽에서 시작하여
㉢, ㉥ 구하기

오른쪽에서 시작하여
㉤, ㉡ 구하기

답

4 스토리텔링

힌트로 해결 끝!

1의 10배는 100이고 10의 10배는 100이고 100의 10배는 1000의 관계를 이용해요.

우리나라 속담에 '천 리 길도 한 걸음부터'라는 말이 있습니다. 이 속담의 뜻은 머나먼 천 리 길도 처음 한 걸음으로 시작하듯이 아무리 큰일도 작은 일부터 비롯된다는 말입니다. 1리는 약 393 m일 때, 속담 속 천 리는 약 몇 m인지 풀이 과정을 쓰고, 답을 구하시오. 20점

풀이

답

거꾸로 풀며 나만의 문제를 완성해 보세요.

정답 및 풀이 > 5쪽

다음은 주어진 수와 조건을 활용해서 만든 문제를 보고 풀이 과정과 답을 구한 것입니다. 어떤 문제였을까요? 거꾸로 문제 만들기, 도전해 볼까요? 15점

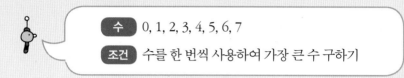

수 0, 1, 2, 3, 4, 5, 6, 7

조건 수를 한 번씩 사용하여 가장 큰 수 구하기

★ 힌트 ★
가장 큰 수부터 높은 자리에 차례로
써서 나타내요

문제

풀이

주어진 8개의 숫자를 한 번씩 사용하여 만들 수 있는 여덟 자리 수 중 가장 큰 수는 높은 자리부터 큰 수를 차례로 놓습니다. 7>6>5>4>3>2>1>0이므로 가장 큰 수는 76543210입니다.

답 ___76543210___

2. 각도

STEP 1 대표 문제 맛보기

직사각형의 안쪽에 그림과 같이 선을 그어 선대로 잘랐습니다. 잘린 도형에서 찾을 수 있는 예각과 둔각의 개수를 구하려고 합니다. 풀이 과정을 쓰고, 답을 구하세요. (8점)

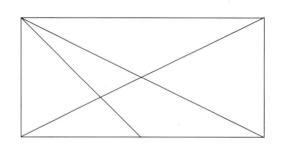

1단계 알고 있는 것 (1점) ⬚ 의 안쪽에 선을 그은 그림

2단계 구하려는 것 (1점) 잘린 도형에서 찾을 수 있는 ⬚ 과 둔각의 개수를 구하려고 합니다.

3단계 문제 해결 방법 (2점) 그림에 ⬚ 과 둔각을 표시하고 세어 봅니다.

4단계 문제 풀이 과정 (3점) 그림에 예각과 둔각을 나타내면 다음과 같습니다.

(직접 각을 표시해 보세요.)

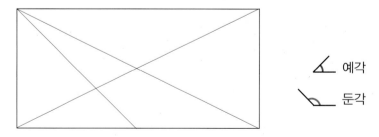

◣ 예각

◥ 둔각

5단계 구하려는 답 (1점) 따라서 잘린 도형에서 찾을 수 있는 예각은 ⬚ 개이고, 둔각은 ⬚ 개입니다.

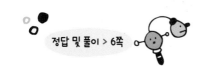

STEP 2 따라 풀어보기☆

다음과 같이 직선을 똑같은 크기의 각 5개로 나누었습니다. 이 그림에서 찾을 수 있는 크고 작은 각 중 둔각이면서 크기가 가장 작은 각의 크기는 몇 도인지 풀이 과정을 쓰고, 답을 구하세요. (9점)

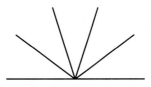

1단계 알고 있는 것 (1점) 직선을 똑같은 크기의 각 ☐ 개로 나누었습니다.

2단계 구하려는 것 (1점) 크고 작은 각 중 (예각 , 둔각)이면서 크기가 가장 (큰 , 작은) 각의 크기는 몇 도인지 구하려고 합니다.

3단계 문제 해결 방법 (2점) 작은 각 한 개의 크기를 구한 후 작은 각이 모여 이루어진 (예각 , 둔각) 중 크기가 가장 (큰 , 작은) 각의 크기를 구합니다.

4단계 문제 풀이 과정 (3점) 직선이 이루는 각도는 ☐°이므로

(작은 각 한 개의 크기) = 180° ÷ ☐ = ☐°입니다.

작은 각 한 개가 ☐°이므로 작은 각 2개가 모인 각의 크기는

36° + ☐° = ☐°, 작은 각 3개가 모인 각의 크기는

36° + ☐° + 36° = ☐°입니다.

5단계 구하려는 답 (2점) _____

 📌 **예각과 둔각 알아보기**

이것만 알면 문제 해결 OK!

예각 : 각도가 0°보다 크고 직각보다 작은 각

둔각 : 각도가 직각보다 크고 180°보다 작은 각

STEP 3 스스로 풀어보기

1. 그림에서 찾을 수 있는 예각은 모두 몇 개인지 풀이 과정을 쓰고, 답을 구하세요. (10점)

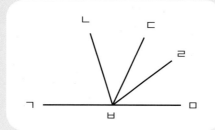

풀이

예각은 각도가 ☐ °보다 크고 (직각 , 180°)보다 작은 각입니다.

각 1개로 이루어진 예각 : 각 ㄱㅂㄴ, 각 ☐ , 각 ☐ , 각 ☐ → ☐ 개

각 2개로 이루어진 예각 : 각 ㄴㅂㄹ, 각 ☐ → ☐ 개

따라서 크고 작은 예각은 모두 ☐ 개입니다.

답 _____

2. 그림에서 찾을 수 있는 둔각은 모두 몇 개인지 풀이 과정을 쓰고, 답을 구하세요. (15점)

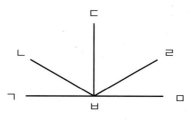

풀이

_____

_____

_____

답 _____

STEP 1 대표 문제 맛보기

두 시계의 긴바늘과 짧은바늘이 이루는 작은 쪽의 각도의 합을 구하려고 합니다. 풀이 과정을 쓰고, 답을 구하세요. (8점)

1단계 알고 있는 것 (1점)　　두 시계의 시각 : ☐ 시, ☐ 시

2단계 구하려는 것 (1점)　　두 시계의 긴바늘과 짧은바늘이 이루는 작은 쪽의 각도의
(합 , 차)을(를) 구하려고 합니다.

3단계 문제 해결 방법 (2점)　　시계에서 연이은 두 숫자 사이의 ☐ 을(를) 구하여, 두 시계의
긴바늘과 짧은바늘이 이루는 작은 쪽의 각도를 구한 후 두 각도를
(더합니다 , 뺍니다).

4단계 문제 풀이 과정 (3점)　　시곗바늘이 한 바퀴 돌면 ☐ °이고 시계에서 연이은 두 숫자
사이의 각도는 360 ÷ 12 = ☐ 이므로 ☐ °입니다.

두 시계의 긴바늘과 짧은바늘이 이루는 작은 쪽의 각도는

1시는 30°, 4시는 30° × 4 = ☐ °입니다.

두 각도의 합은 30° + ☐ ° = ☐ °입니다.

5단계 구하려는 답 (1점)　　따라서 두 시계의 긴바늘과 짧은바늘이 이루는 작은 쪽의 각도의 합은
☐ °입니다.

두 시계의 긴바늘과 짧은바늘이 이루는 작은 쪽의 각도의 차를 구하려고 합니다. 풀이 과정을 쓰고, 답을 구하세요. (9점)

1단계 **알고 있는 것** (1점) 두 시계의 시각 : □ 시, □ 시

2단계 **구하려는 것** (1점) 두 시계의 긴바늘과 짧은바늘이 이루는 작은 쪽의 각도의 (합 , 차)을(를) 구하려고 합니다.

3단계 **문제 해결 방법** (2점) 시계에서 연이은 두 숫자 사이의 □ 를 구하여, 두 시계의 긴바늘과 짧은바늘이 이루는 작은 쪽의 각도를 구한 후 두 각도의 (합 , 차)을(를) 구합니다.

4단계 **문제 풀이 과정** (3점) 시곗바늘이 한 바퀴 돌면 □ °이고 시계에서 연이은 두 숫자 사이의 각도는 $360 \div 12 =$ □ 이므로 □ °입니다.

두 시계의 긴바늘과 짧은바늘이 이루는 작은 쪽의 각도는

10시는 $30° \times 2 = 60°$, 7시는 $30° \times 5 =$ □ °입니다.

두 각도의 차는 □ ° − □ ° = □ °입니다.

5단계 **구하려는 답** (2점)

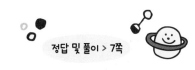

STEP 3 스스로 풀어보기 ☆

1. ㉠과 ㉡의 각도를 구하는 풀이 과정을 쓰고, 답을 구하세요. (10점)

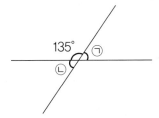

풀이

한 직선이 이루는 각도는 ☐ °입니다.

㉠ + 135° = ☐ °이므로 ㉠ = ☐ ° − ☐ ° = ☐ °이고,

㉡ + 135° = ☐ °이므로 ㉡ = ☐ ° − ☐ ° = ☐ °입니다.

답 _____

2. ㉠과 ㉡의 각도를 구하는 풀이 과정을 쓰고, 답을 구하세요. (15점)

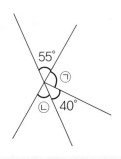

풀이

답 _____

☆ 삼각형 세 각의 크기와 합

STEP 1 대표 문제 맛보기

다음 삼각형에서 ㉠의 각도는 몇 도인지 풀이 과정을 쓰고, 답을 구하세요. (8점)

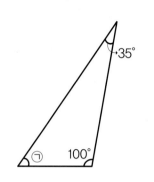

1단계 **알고 있는 것** (1점)   삼각형의 두 각의 크기 : ☐°, ☐°

2단계 **구하려는 것** (1점)   ☐의 각도는 몇 도인지 구하려고 합니다.

3단계 **문제 해결 방법** (2점)   삼각형의 세 각의 크기의 합이 ☐°임을 이용하여 180°에서

크기를 알고 있는 두 각의 크기를 (더합니다 , 뺍니다).

4단계 **문제 풀이 과정** (3점)   (삼각형의 세 각의 크기의 합) = 35° + 100° + ㉠

= ☐° + ㉠ = ☐°

㉠ = ☐° − ☐° = ☐°

5단계 **구하려는 답** (1점)   따라서 ㉠의 각도는 ☐°입니다.

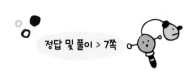
STEP 2 따라 풀어보기 ☆

다음 삼각형에서 ㉠과 ㉡의 각도의 합은 몇 도인지 풀이 과정을 쓰고, 답을 구하세요. (9점)

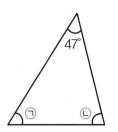

1단계 알고 있는 것 (1점)   삼각형의 한 각의 크기 : ☐°

2단계 구하려는 것 (1점)   삼각형에서 ☐과 ㉡의 각도의 (합 , 차)을(를) 구하려고 합니다.

3단계 문제 해결 방법 (2점)   삼각형의 세 각의 크기의 합이 ☐°임을 이용하여 180°에서 크기를 알고 있는 한 각의 크기를 (더한 , 뺀) 값이 ㉠과 ㉡의 각도의 합입니다.

4단계 문제 풀이 과정 (3점)   (삼각형의 세 각의 크기의 합) = ☐° + ㉠ + ㉡ = ☐°이므로 ㉠ + ㉡ = ☐° − ☐° = ☐°입니다.

5단계 구하려는 답 (2점)

STEP 3 스스로 풀어보기 ☆

유형 ③

1. 삼각형을 이용하여 오각형의 다섯 각의 크기의 합을 구하는 풀이 과정을 쓰고, 답을 구하세요. 10점

풀이

오각형의 한 꼭짓점에서 다른 꼭짓점으로 선을 그으면 삼각형 ☐ 개로 나눌 수 있습니다.

(오각형의 다섯 각의 크기의 합) = (삼각형의 세 각의 크기의 합) × 3

= ☐° × ☐ = ☐° 입니다.

답 _____

2. 삼각형을 이용하여 육각형의 여섯 각의 크기의 합을 구하는 풀이 과정을 쓰고, 답을 구하세요. 15점

풀이

답 _____

핵심유형4

정답 및 풀이 > 8쪽

STEP 1 대표 문제 맛보기

사각형에서 ㉠의 각도는 몇 도인지 풀이 과정을 쓰고, 답을 구하세요. (8점)

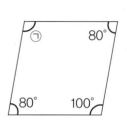

1단계 알고 있는 것 (1점)

사각형의 세 각의 크기 : ☐°, ☐°, 100°

2단계 구하려는 것 (1점)

☐ 의 각도는 몇 도인지 구하려고 합니다.

3단계 문제 해결 방법 (2점)

사각형 네 각의 크기의 합이 ☐°이므로, 360°에서 크기를 알고 있는 세 각의 크기를 (더합니다 , 뺍니다).

4단계 문제 풀이 과정 (3점)

(사각형 네 각의 크기의 합) = ☐° + ☐° + 100° + ㉠

= ☐° + ㉠ = 360°

㉠ = 360° − ☐° = ☐°

5단계 구하려는 답 (1점)

따라서 ㉠의 각도는 ☐°입니다.

사각형에서 ㉠과 ㉡의 각도의 합이 얼마인지 풀이 과정을 쓰고, 답을 구하세요. (9점)

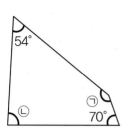

1단계 알고 있는 것 (1점)　　사각형의 두 각의 크기 : ☐°, 70°

2단계 구하려는 것 (1점)　　사각형에서 ☐ 과 ㉡의 각도의 (합 , 차)을(를) 구하려고 합니다.

3단계 문제 해결 방법 (2점)　　사각형의 네 각의 크기의 합이 ☐°임을 이용하여 360°에서 크기를 알고 있는 두 각의 크기를 (더한 , 뺀) 값이 ㉠과 ㉡의 각도의 합입니다.

4단계 문제 풀이 과정 (3점)　　(사각형 네 각의 크기의 합)

$$= 54° + \boxed{}° + ㉠ + ㉡$$

$$= \boxed{}° + ㉠ + ㉡ = 360° 이므로$$

㉠ + ㉡

$$= 360° - \boxed{}°$$

$$= \boxed{}° 입니다.$$

5단계 구하려는 답 (2점)

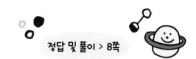

유형 ④

1. 사각형에서 ㉠의 각도를 구하는 풀이 과정을 쓰고,
답을 구하세요. (10점)

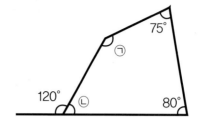

풀이

한 직선이 이루는 각도는 [ ]°이므로 ㉡ + 120° = [ ]°이고,

㉡ = [ ]° − 120° = [ ]°입니다. 사각형의 네 각의 크기의 합은 [ ]°이므로

㉠ + ㉡ + [ ]° + 75° = ㉠ + [ ]° + [ ]° + 75° = ㉠ + [ ] = [ ],

㉠ = [ ]° − [ ]° = [ ]°입니다.

답 _____

2. 사각형에서 ㉠+㉡의 값을 구하는 풀이 과정을 쓰고,
답을 구하세요. (15점)

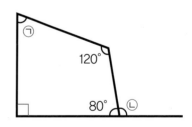

풀이

답 _____

①은 몇 도인지 풀이 과정을 쓰고, 답을 구하세요. 20점

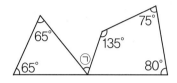

풀이

답

2

직사각형 모양의 종이를 그림과 같이 접었습니다. 각 ㄱㅂㄷ의 크기를 구하는 풀이 과정을 쓰고, 답을 구하세요. 20점

풀이

답

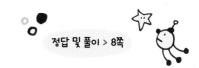

3 창의융합

슬기는 일기장을 넣은 상자에 비밀번호를 누르면 열리는 자물쇠를 걸어두었습니다. 간혹 비밀번호가 기억이 나지 않아 상자 바닥에 힌트가 적힌 그림을 붙여 놓았습니다. 그림에서 ㉠의 수가 비밀번호일 때, 비밀번호는 무엇인지 풀이 과정을 쓰고, 답을 구하세요. (20점)

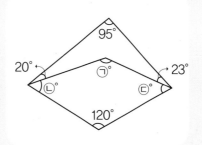

💬 힌트로 해결 끝!
사각형 네 각의 크기의 합은 360°입니다.

풀이

답 _____

4 창의융합

거울에 빛을 비추면 빛이 거울에 반사됩니다. 이때, 거울로 들어가는 빛과 거울 면과 직각을 이루는 선이 만드는 각을 입사각, 거울에 반사되어 나오는 빛과 거울 면과 직각을 이루는 선이 만드는 각을 반사각이라고 합니다. 오른쪽 그림에서 반사각의 크기를 구하는 풀이 과정을 쓰고, 답을 구하세요. (15점)

💬 힌트로 해결 끝!
입사각과 반사각의 크기는 같아요.

풀이

답 _____

다음은 주어진 그림과 낱말, 조건을 활용해서 만든 문제를 보고 풀이 과정과 답을 구한 것입니다. 어떤 문제였을까요? 거꾸로 문제 만들기, 도전해 볼까요? 15점

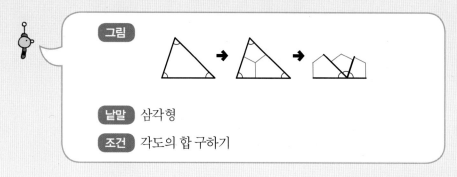

그림

낱말 삼각형

조건 각도의 합 구하기

★힌트★
삼각형 세 각의 크기의 합 구하기

문제

풀이

삼각형을 그림과 같이 잘라 세 꼭짓점이 한 점에 모이도록 변끼리 이어 붙이면 빈틈없이 일직선이 됩니다.

일직선이 이루는 각은 180°이므로 삼각형 세 각의 합은 180°입니다.

답   180°

3. 곱셈과 나눗셈

STEP 1 대표 문제 맛보기

지민이가 저금통에 있는 동전을 세었더니 500원짜리 동전은 40개, 100원짜리 동전은 50개였습니다. 모두 얼마인지 풀이 과정을 쓰고, 답을 구하세요. (8점)

1단계 알고 있는 것 (1점)

500원짜리 동전 개수 : ☐ 개

100원짜리 동전 개수 : ☐ 개

2단계 구하려는 것 (1점)

☐ 원짜리 동전과 100원짜리 동전을 모두 모은 금액이 얼마인지 구하려고 합니다.

3단계 문제 해결 방법 (2점)

500에 40을 (곱한 , 더한) 것과 100에 50를 (곱한 , 더한) 것을 (더합니다 , 뺍니다).

4단계 문제 풀이 과정 (3점)

(500원짜리 동전 40개)=500×☐=☐(원)

(100원짜리 동전 50개)=☐×50=☐(원)

(전체 금액)=☐+☐=☐(원)

5단계 구하려는 답 (1점)

따라서 전체 금액은 ☐ 원입니다.

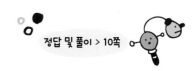
STEP 2 따라 풀어보기 ☆

동화책 한 권의 무게는 574 g, 위인전 한 권의 무게는 376 g입니다. 동화책과 위인전이 각각 20권일 때 동화책과 위인전의 무게는 모두 몇 g인지 풀이 과정을 쓰고, 답을 구하세요. (9점)

1단계 알고 있는 것 (1점)

동화책 한 권의 무게는 [   ] g, 위인전 한 권의 무게는 [   ] g이고 각각 [   ] 권씩 있습니다.

2단계 구하려는 것 (1점)

[   ] 과 위인전의 무게는 모두 몇 g인지 구하려고 합니다.

3단계 문제 해결 방법 (2점)

동화책 [   ] 권의 무게와 위인전 [   ] 권의 무게를 구한 후 (더합니다 , 뺍니다).

4단계 문제 풀이 과정 (3점)

(동화책 20권의 무게) = (동화책 한 권의 무게) × (동화책의 수)

= [   ] × 20

= [   ] (g)

(위인전 20권의 무게) = (위인전 한 권의 무게) × (위인전의 수)

= [   ] × 20

= [   ] (g)

(동화책과 위인전의 무게)

= (동화책 20권의 무게) + (위인전 20권의 무게)

= [   ] + [   ]

= [   ] (g)

5단계 구하려는 답 (2점)

STEP 3 스스로 풀어보기

1. 다음 곱셈식에서 ㉠, ㉡, ㉢, ㉣ 알맞은 수를 구하는 풀이 과정을 쓰고, 답을 구하세요. 10점

$$
\begin{array}{r}
3\ ㉠\ 2 \\
\times\quad 7\ 1 \\
\hline
3\ ㉡\ 2 \\
2\ 4\ ㉢\ 4 \\
\hline
2\ 4\ ㉣\ 9\ 2 \\
\end{array}
$$

풀이

3㉠2 × 1 = 3㉠2 이므로 □ = ㉡이고 ㉡ + 4 = □ 에서 ㉡ = □ 이므로

㉠ = □ 입니다. ㉠에 알맞은 수를 대입하면 3㉠2 = □ 입니다.

□ × 7 = □ 이므로 ㉢ = □ 이고,

3 + ㉢ = ㉣이므로 ㉣ = □ 입니다.

답 _____

2. 다음 곱셈식에서 ㉠, ㉡, ㉢에 각각 알맞은 수의 합은 얼마인지 풀이 과정을 쓰고, 답을 구하세요. 15점

$$
\begin{array}{r}
5\ 4\ 9 \\
\times\quad 7\ ㉠ \\
\hline
3\ 2\ 9\ 4 \\
3\ 8\ ㉡\ 3 \\
\hline
4\ 1\ ㉢\ 2\ 4 \\
\end{array}
$$

풀이

_____

_____

_____

답 _____

STEP 1 대표 문제 맛보기

지우는 한 개에 450원인 아이스크림을 14개를 사고 10000원을 냈습니다. 거스름돈으로 얼마를 받아야 하는지 풀이 과정을 쓰고, 답을 구하세요. (8점)

1단계 알고 있는 것 (1점)

아이스크림 한 개의 값 : ☐ 원

산 아이스크림 개수 : ☐ 개

낸 돈 : ☐ 원

2단계 구하려는 것 (1점)

☐ 을 구하려고 합니다.

3단계 문제 해결 방법 (2점)

아이스크림 한 개 값에 산 개수를 (곱하여 , 더하여) 산 아이스크림 값을 구한 후, 10000원에서 (더합니다 , 뺍니다).

4단계 문제 풀이 과정 (3점)

(아이스크림 14개의 값) = (한 개 값) × (산 개수)

= ☐ × ☐ = ☐ (원)

(거스름돈) = ☐ − (아이스크림 14개의 값)

= 10000 − ☐ = ☐ (원)

5단계 구하려는 답 (1점)

따라서 거스름돈은 ☐ 원입니다.

어느 문구점에서는 필통을 공장에서 한 개에 4005원에 사와서 5000원에 팝니다. 공장에서 사온 필통 중 63개를 팔았을 때, 이 문구점에서 얻을 수 있는 총 이익금이 얼마인지 풀이 과정을 쓰고, 답을 구하세요. (9점)

1단계 알고 있는 것 (1점)

공장에서 사온 필통 한 개의 값 : ☐ 원

필통 한 개의 판매 가격 : ☐ 원

필통을 판 개수 : ☐ 개

2단계 구하려는 것 (1점)

필통을 팔았을 때 이 공장에서 얻을 수 있는 총 ☐ 을 구하려고 합니다.

3단계 문제 해결 방법 (2점)

필통 한 개를 팔았을 때 생기는 ☐ 에 판 필통의 개수를 (더합니다 , 곱합니다).

4단계 문제 풀이 과정 (3점)

(필통 한 개를 팔았을 때 생기는 이익금)

= ☐ - ☐

= ☐ (원)

(필통 63개를 팔았을 때 생기는 이익금)

= (필통 한 개를 팔았을 때 생기는 이익금) × (판 개수)

= ☐ × ☐

= ☐ (원)

5단계 구하려는 답 (2점)

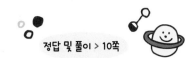

STEP 3 스스로풀어보기

1. 다음 두 수의 곱이 10000에 가장 가까운 수가 되도록 □ 안에 알맞은 수를 구하는 풀이 과정을 쓰고, 답을 구하세요. (10점)

$328 \times$ □

[풀이]

□ = 30일 때, 328 × 30 = [   ] 이므로 10000과의 차는

10000 − [   ] = [   ] 입니다. □ = 31일 때, 328 × 31 = [   ] 이므로

10000과의 차는 [   ] − 10000 = [   ] 입니다.

[   ] > 160이므로 □ = [   ] 일 때 곱이 10000에 가장 가깝습니다.

[답] _____

2. 다음 두 수의 곱이 20000에 가장 가까운 수가 되도록 □ 안에 알맞은 수를 구하는 풀이 과정을 쓰고, 답을 구하세요. (15점)

$467 \times$ □

[풀이]

[답] _____

 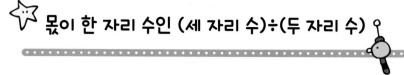

STEP 1 대표 문제 맛보기

나은이는 과자 107개를 한 봉지에 20개씩 나누어 담고 남은 것은 모두 먹었습니다.
나은이가 먹은 과자는 몇 개인지 풀이 과정을 쓰고, 답을 구하세요. (8점)

1단계 알고 있는 것 (1점)

과자 전체 개수 : ☐ 개

한 봉지에 담은 과자 개수 : ☐ 개

2단계 구하려는 것 (1점)

나은이가 먹은 ☐ 의 개수를 구하려고 합니다.

3단계 문제 해결 방법 (2점)

과자 전체 개수를 한 봉지에 담은 과자 개수로 (곱하고 , 나누고)
나머지를 구합니다.

4단계 문제 풀이 과정 (3점)

(과자 전체 개수) ÷ (한 봉지에 담은 과자 개수)

= ☐ ÷ ☐ = ☐ … ☐

20개씩 봉지에 담으면 ☐ 봉지에 나누어 담고 ☐ 개 남습니다.

나은이는 봉지에 담고 남은 과자를 먹었습니다.

5단계 구하려는 답 (1점)

따라서 나은이가 먹은 과자는 ☐ 개입니다.

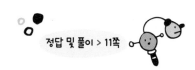

STEP 2 따라 풀어보기

서진이는 203쪽인 동화책을 매일 27쪽씩 읽으려고 합니다. 동화책을 다 읽으려면 적어도 며칠이 걸리는지 풀이 과정을 쓰고, 답을 구하세요. (9점)

1단계 알고 있는 것 (1점) ☐ 쪽인 동화책을 매일 ☐ 쪽씩 읽습니다.

2단계 구하려는 것 (1점) ☐ 을 다 읽으려면 적어도 ☐ 이 걸리는지 구하려고 합니다.

3단계 문제 해결 방법 (2점) 동화책의 전체 쪽수를 하루에 읽는 쪽수로 (곱합니다 , 나눕니다).

4단계 문제 풀이 과정 (3점) (동화책 전체 쪽수) ÷ (하루에 읽는 쪽수)

= ☐ ÷ ☐ = ☐ … ☐

하루에 27쪽씩 ☐ 일 동안 읽으면 ☐ 쪽이 남으므로

남는 것도 읽기 위해 하루가 더 필요합니다.

5단계 구하려는 답 (2점) _____

📌 **몫이 한 자리 수인 (세 자리 수)÷(두 자리 수)**

나머지가 나누는 수보다 크면 몫을 1 크게 한 후 다시 나누어봅니다.

```
          7
   7 6 ) 5 9 4
         5 3 2   ←76×7
           6 2   ←594-532
```

*몫이 한 자리 수인 경우
　(나누어지는 수의 왼쪽 두 자리 수) < (나누는 수)

*(나머지) < (나누는 수)

STEP 3 스스로 풀어보기 ☆

1. 수 카드 2, 3, 4, 6, 7을 모두 한 번씩만 사용하여 몫이 가장 작은 (세 자리 수)÷(두 자리 수)의 몫을 구하려고 합니다. 풀이 과정을 쓰고, 답을 구하세요. 10점

풀이

몫이 가장 작으려면 나누어지는 수는 가장 (크게 , 작게) 만들고 나누는 수는 가장 (크게 ,

작게) 만듭니다. 2 < 3 < 4 < 6 < 7이므로 수 카드로 만들 수 있는

가장 작은 세 자리 수는 ☐ , 가장 큰 두 자리 수는 ☐ 입니다.

따라서 ☐ ÷ ☐ = ☐ ⋯ ☐ 이므로 몫은 ☐ 입니다.

답 _____

2. 수 카드 1, 2, 3, 4, 5를 모두 한 번씩만 사용하여 몫이 가장 작은 (세 자리 수)÷(두 자리 수)의 몫을 구하려고 합니다. 풀이 과정을 쓰고, 답을 구하세요. 15점

풀이

_____

_____

_____

_____

답 _____

52

STEP 1 대표 문제 맛보기

경훈이네 마을에서는 식목일에 나무 672그루를 심었습니다. 56명이 같은 수의 나무를 심었다면 한 사람이 심은 나무는 몇 그루인지 풀이 과정을 쓰고, 답을 구하세요. (8점)

1단계 알고 있는 것 (1점)   심은 나무 수 : ☐ 그루   나무를 심은 사람 수 : ☐ 명

2단계 구하려는 것 (1점)   한 사람이 심은 ☐ 가 몇 그루인지 구하려고 합니다.

3단계 문제 해결 방법 (2점)   심은 나무의 수를 사람 수로 (곱합니다 , 나눕니다).

4단계 문제 풀이 과정 (3점)   (한 사람이 심은 나무의 수) = (심은 나무의 수) ÷ (사람 수)

= ☐ ÷ ☐

= ☐ (그루)

5단계 구하려는 답 (1점)   따라서 한 사람이 심은 나무의 수는 ☐ 그루입니다.

길이가 528 m인 도로의 양쪽에 처음부터 끝까지 33 m 간격으로 나무를 심는다면 필요한 나무는 모두 몇 그루인지 풀이 과정을 쓰고, 답을 구하세요. (9점)

1단계 알고 있는 것 (1점)

길이가 ⬜ m인 도로의 (한쪽 , 양쪽)에 처음부터 끝까지 ⬜ m 간격으로 나무를 심습니다.

2단계 구하려는 것 (1점)

도로의 양쪽에 심기 위해 필요한 ⬜ 의 수를 구하려고 합니다.

3단계 문제 해결 방법 (2점)

도로의 길이를 간격으로 나누어 간격의 수를 구합니다. 도로 한쪽에 심는 나무 수는 간격의 수보다 (1 , 2)만큼 큰 수입니다. 도로 (한쪽 , 양쪽)에 심기 위해 필요한 나무의 수를 구합니다.

4단계 문제 풀이 과정 (3점)

(간격의 수) = (도로 길이) ÷ (간격)

$$= \boxed{} ÷ \boxed{}$$

$$= \boxed{} \text{(군데)}$$

(도로의 한쪽에 필요한 나무 수) = (간격의 수) + 1

$$= \boxed{} + 1$$

$$= \boxed{} \text{(그루)}$$

(도로의 양쪽에 필요한 나무 수) = (도로 한쪽에 심는 나무 수) × 2

$$= \boxed{} × 2$$

$$= \boxed{} \text{(그루)}$$

5단계 구하려는 답 (2점)

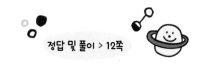

STEP 3

1. 다음 나눗셈을 보고 □ 안에 들어갈 수 있는 가장 큰 수와 가장 작은 수를 차례로 구하려고 합니다.
풀이 과정을 쓰고, 답을 구하세요. (10점)

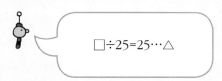

$$\square \div 25 = 25 \cdots \triangle$$

 풀이

나머지는 나누는 수보다 작아야 하므로 △는 [   ]보다 작은 수입니다.

△ = 24일 때 □ 안에 들어갈 수가 가장 (크고, 작고), △ = 0일 때 □ 안에 들어갈 수가

가장 (큽니다 , 작습니다). 따라서 □ 안에 들어갈 가장 큰 수는 25 × 25 = 625에서

625 + [   ] = [   ] 이고, 가장 작은 수는 25 × 25 = [   ] 입니다.

답 _____

2. 나눗셈의 몫이 26일 때 □ 안에 들어갈 수 있는 두 번째로 큰 수와 두 번째로 작은 수를 구하는
풀이 과정을 쓰고, 답을 구하세요. (15점)

$$\square \div 38 = 26 \cdots \triangle$$

풀이

답 _____

1

힌트로 해결 끝!

(세 자리 수)×(몇십몇)과
(몇백)×(몇십)을 이용해요.

골프공은 한 상자에 16개씩 125상자이고 탁구공은 한 상자에 20개씩 300 상자입니다. 골프공과 탁구공을 모두 트럭에 실었다면 트럭에 실린 골프공과 탁구공은 모두 몇 개인지 풀이 과정을 쓰고, 답을 구하세요. 20점

 풀이

답 _____

2

힌트로 해결 끝!

연필 상자와 구슬 봉지의 수
→ 나눗셈으로 구하기

알뜰시장에서 광희는 연필 156자루를 12자루씩 상자에 담아 한 상자에 150원을 받고 팔았고 시안이는 구슬 196개를 14개씩 봉지에 담아 한 봉지에 150원을 받고 팔았습니다. 광희와 시안이가 연필과 구슬을 모두 팔았을 때, 받은 금액이 더 많은 사람이 누구인지 구하려고 합니다. 풀이 과정을 쓰고, 답을 구하세요. 20점

받은 금액 → 곱셈으로 구하기

풀이

답 _____

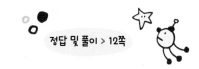

3 창의융합

단체 스피드 줄넘기 경기는 12명이 한 팀을 이루어 1분 동안 성공한 횟수를 기록하는 단체 경기입니다. 몇 년 전에 일본 초등학생 팀이 1분에 230번 줄넘기를 성공하여 기네스 기록을 세웠습니다. 종국이와 친구들의 기록은 1분에 120번입니다. 일정한 빠르기로 줄넘기를 한다면 종국이와 친구들은 1초에 몇 번의 줄넘기를 한 것인지 풀이 과정을 쓰고, 답을 구하세요. (20점)

힌트로 해결 끝!

1분=60초

풀이

답 _____

4 생활수학

영진이의 삼촌은 양계장을 운영합니다. 양계장은 시설을 갖추어 닭을 기르는 곳을 말합니다. 삼촌네 양계장에서 키우는 닭은 모두 122마리이고 닭 한 마리가 일주일 동안 낳는 달걀은 8개입니다. 이 양계장에서 닭들이 34주 동안 낳은 달걀은 모두 몇 개인지 풀이 과정을 쓰고, 답을 구하세요. (20점)

힌트로 해결 끝!

닭 122마리가 일주일 동안 낳는 달걀의 수구하기

일주일 동안 낳는 달걀 수에 주 수를 곱하기

풀이

답 _____

나만의 문제 만들기

거꾸로 풀며 나만의 문제를 완성해 보세요.

정답 및 풀이 > 13쪽

다음은 주어진 수와 낱말, 조건을 활용해서 만든 문제를 보고 풀이 과정과 답을 구한 것입니다. 어떤 문제였을까요? 거꾸로 문제 만들기, 도전해 볼까요? 15점

수	450, 30
낱말	달걀, 한 판
조건	나눗셈 문제 만들기

★ 힌트 ★
달걀이 모두 몇 판인지 구하는 질문을 만들어요

문제

풀이

달걀 한 판은 30개이고 달걀 450개를 30개씩 담으면 450÷30=15이므로 달걀 450개를 30개씩 담으면 15판입니다.

답   15판

58

4. 평면도형의 이동

핵심 유형 1 — ☆ 평면 도형 밀기, 뒤집기

STEP 1 대표 문제 맛보기

왼쪽의 도형을 오른쪽으로 밀고 다시 아래쪽으로 밀었을 때의 도형은 어느 것인지 기호로 쓰려고 합니다. 풀이 과정을 쓰고, 답을 구하세요. (8점)

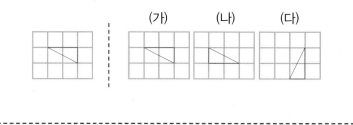

1단계 알고 있는 것 (1점) 왼쪽의 도형과 오른쪽의 도형 ☐ , (나), ☐ 를 알고 있습니다.

2단계 구하려는 것 (1점) 왼쪽의 도형을 ☐ 으로 밀고 다시 ☐ 으로 밀었을 때의 도형을 기호로 쓰려고 합니다.

3단계 문제 해결 방법 (2점) 평면도형을 (밀면 , 뒤집으면) 모양은 변하지 않고 미는 방향에 따라 (위치 , 크기)만 바뀝니다.

4단계 문제 풀이 과정 (3점) 왼쪽의 도형을 ☐ 으로 밀면 왼쪽 도형과 (같은 , 다른) 도형이 됩니다. 다시 이 도형을 아래쪽으로 밀어도 왼쪽 도형과 (같습니다 , 다릅니다).

5단계 구하려는 답 (1점) 따라서 왼쪽 도형을 오른쪽으로 밀고 다시 아래쪽으로 밀었을 때의 도형은 ☐ 입니다.

STEP 2 따라 풀어보기

왼쪽 도형을 오른쪽으로 2번 뒤집었을 때의 도형은 어느 것인지 (가), (나), (다) 중 알맞은 것을 고르려고 합니다. 풀이 과정을 쓰고, 답을 구하세요. (9점)

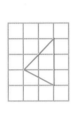　　(가) 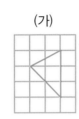　　(나) 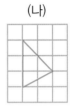　　(다)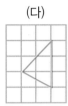

1단계 알고 있는 것 (1점)　왼쪽의 도형과 오른쪽의 도형 (가), ☐ , ☐ 를 알고 있습니다.

2단계 구하려는 것 (1점)　왼쪽의 도형을 (오른쪽 , 왼쪽)으로 ☐ 번 (밀기 , 뒤집기) 한 도형을
기호로 쓰려고 합니다.

3단계 문제 해결 방법 (2점)　도형을 같은 방향으로 짝수 번 뒤집으면 처음 도형과
(같습니다 . 다릅니다).

4단계 문제 풀이 과정 (3점)　왼쪽 도형을 ☐ 으로 한 번 뒤집으면 왼쪽과 오른쪽이 바뀌고,
다시 한 번 ☐ 으로 뒤집으면 왼쪽과 오른쪽이 다시 바뀝니다.
도형을 오른쪽으로 ☐ 번 뒤집으면 처음 도형과 (같습니다 . 다릅니다).

5단계 구하려는 답 (2점)

📌 평면도형 밀고 뒤집기
• 도형을 밀면 모양은 변화가 없고 위치만 바뀝니다.
• 도형을 오른쪽이나 왼쪽으로 뒤집으면 도형의 오른쪽과 왼쪽이 서로 바뀝니다.
• 도형을 위쪽이나 아래쪽으로 뒤집으면 도형의 위쪽과 아래쪽이 서로 바뀝니다.

STEP 3 스스로풀어보기

1. '곰'을 오른쪽으로 뒤집고 아래쪽으로 뒤집으면 어떤 모양이 되는지 구하려고 합니다. 풀이 과정을 쓰고, 답을 구하세요. (10점)

곰

풀이

'곰'을 오른쪽으로 뒤집으면 [ ]과 오른쪽이 바뀌므로 [ ]이 되고 다시 아래쪽으로 뒤집으면 위쪽과 [ ]이 바뀌므로 [ ]이 됩니다. 따라서 '곰'을 오른쪽으로 뒤집고 아래쪽으로 뒤집으면 '[ ]'이 됩니다.

답 _____

2. '녹'을 위쪽으로 뒤집고 왼쪽으로 뒤집으면 어떤 모양이 되는지 구하려고 합니다. 풀이 과정을 쓰고, 답을 구하세요. (15점)

녹

풀이

_____

_____

_____

답 _____

STEP 1 대표 문제 맛보기

왼쪽 도형을 시계 방향으로 90°만큼 돌렸을 때의 도형을 찾아 기호로 쓰려고 합니다.
풀이 과정을 쓰고, 답을 구하세요. (8점)

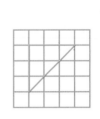 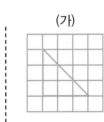 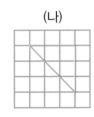 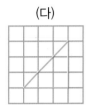

1단계 알고 있는 것 (1점) 왼쪽의 도형과 오른쪽의 도형 ☐ , ☐ , (다)를 알고 있습니다.

2단계 구하려는 것 (1점) 왼쪽 도형을 ☐ 방향으로 ☐°만큼 돌렸을 때의 도형을
찾아 기호로 쓰려고 합니다.

3단계 문제 해결 방법 (2점) 왼쪽 도형을 ☐ 방향으로 ☐°만큼 돌리면 처음 도형의
위쪽이 (오른쪽 , 왼쪽)으로 이동합니다.

4단계 문제 풀이 과정 (3점) 왼쪽의 도형을 시계 방향으로 ☐°만큼 돌리면 도형의 위쪽이
☐ 으로, 오른쪽이 ☐ 으로, 아래쪽이 ☐ 으로,
왼쪽이 ☐ 으로 이동합니다.

5단계 구하려는 답 (1점) 따라서 왼쪽 도형을 시계 방향으로 ☐°만큼 돌렸을 때의
도형은 ☐ 입니다.

다음과 같이 0부터 9까지의 수가 주어져 있습니다. 이 수들을 각각 시계 방향으로 180°만큼 돌렸을 때 처음 수와 같은 수들을 모두 찾아 쓰려고 합니다. 풀이 과정을 쓰고, 답을 구하세요. (9점)

1단계 알고 있는 것 (1점) ☐ 부터 ☐ 까지의 수가 주어져 있습니다.

2단계 구하려는 것 (1점) 시계 방향으로 ☐ °만큼 돌렸을 때 처음 수와 (같은 , 다른) 수들을 모두 찾아 쓰려고 합니다.

3단계 문제 해결 방법 (2점) 각각의 수들을 시계 방향으로 ☐ °만큼 (돌리기 , 뒤집기) 하면 처음 수의 왼쪽과 오른쪽이 바뀌고 위와 아래가 바뀝니다.

4단계 문제 풀이 과정 (3점) 0부터 9까지의 수를 시계 방향으로 ☐ °만큼 돌리기 하면 다음과 같습니다.

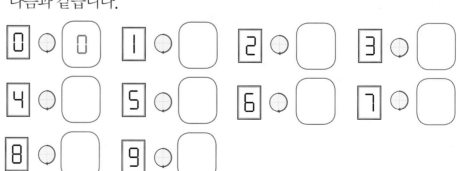

5단계 구하려는 답 (2점)

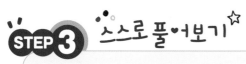

유형 ❷

1. 수 카드를 한 번씩만 사용하여 가장 작은 세 자리 수를 만든 다음 시계 방향으로 180°만큼 돌려서
만들어지는 수와 처음 수와의 합을 구하고 풀이 과정을 쓰고, 답을 구하세요. (10점)

6 2 8

풀이

수 카드로 만들 수 있는 가장 작은 세 자리 수는 [   ] 이고 [   ] 을 시계 방향

으로 [   ]°만큼 돌려서 만들어지는 수는 [   ] 입니다. 따라서 만든 세 자리 수를

시계 방향으로 [   ]°만큼 돌려서 만들어지는 수와 처음 수의 합은

[   ] + [   ] = [   ] 입니다.

답 _____

2. 수 카드를 한 번씩만 사용하여 가장 큰 세 자리 수를 만든 다음 시계 반대 방향으로 180°만큼
돌려서 만들어지는 수와 처음 수와의 차를 구하고 풀이 과정을 쓰고, 답을 구하세요. (15점)

9 1 5

풀이

답 _____

1

주어진 도형을 여러 가지 방법으로 이동했을 때 처음 도형과 다른 것은 어느
것인지 모두 고르려고 합니다. 풀이 과정을 쓰고, 답을 구하세요. 20점

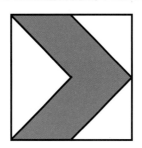

㉠ 위로 한 번 뒤집고 오른쪽으로 밀기

㉡ 아래로 한 번 뒤집고 시계 반대 방향으로 180°만큼 돌리기

㉢ 시계 방향으로 180°만큼 돌리고 왼쪽으로 3번 뒤집기

㉣ 시계 방향으로 90°만큼 돌리고 시계 반대 방향으로 90°만큼
돌리기

풀이

답

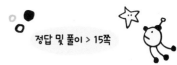

다음 숫자 중에서 위쪽으로 뒤집었을 때 처음 숫자와 같은 숫자가 되는 것을 모두 사용하여 가장 큰 수를 만들고, 시계 방향으로 180°만큼 돌렸을 때 처음 숫자와 같은 숫자가 되는 것을 모두 사용하여 가장 작은 수를 만들었습니다. 만든 두 수의 합을 구하는 풀이 과정을 쓰고, 답을 구하세요. (20점)

1 2 3 4 5 6 7 8 9

풀이

힌트로 해결 끝!
위쪽으로 뒤집었을 때 같은 숫자 구하기

시계 방향으로 180°만큼 돌렸을 때 같은 숫자 구하기

답

3

(가)를 오른쪽으로 뒤집고 아래로 뒤집은 것을 (나)라고 할 때, (가)와 (나)를 꼭
맞게 겹치면 겹치는 칸은 모두 몇 칸인지 구하려고 합니다. 풀이 과정을 쓰고,
답을 구하세요. (20점)

(가)

풀이

힌트로 해결 끝!

오른쪽으로 뒤집기 : 왼쪽과
오른쪽이 바뀌어요.

아래쪽으로 뒤집기 : 위쪽과
아래쪽이 바뀌어요.

답

4

정사각형 5개를 변끼리 이어 붙여 만든 도형을 펜토미노라고 합니다. 펜토미노 조각은 모두 12가지이고 이 조각을 이용하여 다양한 직사각형을 만들 수 있습니다. 펜토미노 12조각을 이용하여 다음과 같은 직사각형을 만들 때 (가), (나), (다), (라) 중 ㉠과 ㉡에 넣을 수 있는 조각은 어느 것인지 기호를 쓰고, 조각을 어떻게 움직여야 하는지 풀이 과정을 쓰고, 답을 구하세요. 20점

힌트로 해결 끝!

빈 곳과 같은 모양을 찾아요.

이동 방법은 서로 다를 수 있어요.

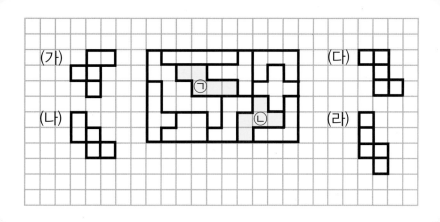

풀이

답 _____

거꾸로 풀며 나만의 문제를 완성해 보세요.

정답 및 풀이 > 16쪽

다음은 주어진 글자를 활용해서 만든 문제를 보고 풀이 과정과 답을 구한 것입니다. 어떤 문제였을까요? 거꾸로 문제 만들기, 도전해 볼까요? 15점

글자 독, 웅, 복, 만, 집

★힌트★
구하려는 것이 무엇인지 찾아요!

문제

_____

_____

풀이

각각의 글자를 위쪽으로 뒤집으면 **붇웅븀마됴**이 되고
다시 시계 반대 방향으로 180°만큼 돌리면 **┧됩┧만봄웅됵**이 되므로
위쪽으로 뒤집고 시계 반대 방향으로 180°만큼 돌려도 글자가 되는 것은
웅 입니다.

답 **웅**

5. 막대그래프

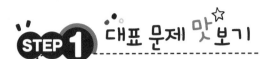 STEP 1 대표 문제 맛보기

오른쪽은 과일 가게별 배 판매량을 나타낸 막대그래프입니다. 배 판매량이 가장 적은 가게는 가장 많은 가게보다 몇 상자가 더 적은지 풀이 과정을 쓰고, 답을 구하세요. (8점)

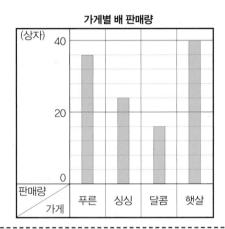

가게별 배 판매량

| 1단계 | 알고 있는 것 (1점) | 가게별 ☐ 판매량을 나타낸 (그림 , 막대)그래프 |

2단계 구하려는 것 (1점) ☐ 판매량이 가장 적은 가게는 가장 ☐ 가게보다 몇 상자가 더 적은지 구하려고 합니다.

3단계 문제 해결 방법 (2점) 판매량이 가장 적은 가게와 판매량이 가장 ☐ 가게를 찾아 판매량의 (합 , 차)을(를) 구합니다.

4단계 문제 풀이 과정 (3점) 막대그래프의 세로 눈금 한 칸은 20 ÷ 5 = ☐ (상자)를 나타냅니다.

배 판매량이 가장 적은 가게는 막대의 길이가 가장

(긴 , 짧은) ☐ 가게이고, 판매량은 ☐ 상자입니다.

판매량이 가장 많은 가게는 막대의 길이가 가장 (긴 , 짧은)

☐ 가게이고 생산량은 ☐ 상자입니다.

두 가게의 판매량의 차는 ☐ − ☐ = ☐ (상자)입니다.

5단계 구하려는 답 (1점) 따라서 배 판매량이 가장 적은 가게는 가장 많은 가게보다

☐ 상자 더 적습니다.

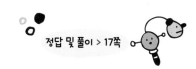

STEP 2 따라 풀어보기

오른쪽은 동네 채소 가게에서 하루 동안 팔린 배추 양을 조사하여 나타낸 막대그래프입니다. 판매량이 가장 많은 가게와 두 번째로 많은 가게의 판매량의 차를 구하는 풀이 과정을 쓰고, 답을 구하세요. 9점

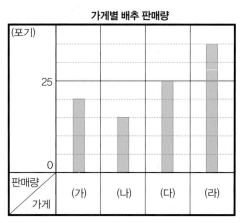

1단계 알고 있는 것 1점   가게별 판매량을 나타낸 (그림 , 막대)그래프

2단계 구하려는 것 1점   ☐ 판매량이 가장 많은 가게와 두 번째로 ☐ 가게의 판매량의 차를 구하려고 합니다.

3단계 문제 해결 방법 2점   판매량이 가장 많은 가게와 두 번째로 ☐ 가게를 찾아 판매량의 (합 , 차)을(를) 구합니다.

4단계 문제 풀이 과정 3점   막대그래프의 세로 눈금 한 칸은 25 ÷ 5 = ☐ (포기)를 나타냅니다.

배추 판매량이 가장 많은 가게는 막대의 길이가 가장 (긴 , 짧은) ☐ 가게이고 판매량은 ☐ 포기입니다. 두 번째로 판매량이 많은 가게는 막대의 길이가 두 번째로 (긴 , 짧은) ☐ 가게이고 판매량은 ☐ 포기입니다. 두 가게의 판매량의 차는 ☐ − ☐ = ☐ (포기)입니다.

5단계 구하려는 답 2점

1. 막대그래프를 보고 설명이 옳은 것을 찾아 기호를 쓰려고 합니다. 풀이 과정을 쓰고, 답을 구하세요. [10점]

ㄱ 세로는 각 반을 나타냅니다.
ㄴ 세로 눈금 한 칸은 2명을 나타냅니다.
ㄷ 각 막대의 길이는 조사한 전체 학생 수입니다.

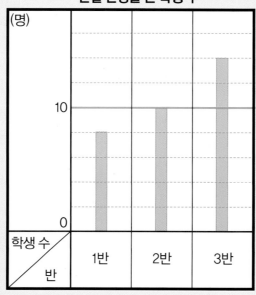

반별 안경을 쓴 학생 수

풀이

ㄱ 세로는 [   ]를 나타냅니다.

ㄴ 세로 눈금 5칸이 [   ]명을 나타내므로

(세로 눈금 한 칸) = [   ] ÷ 5 = [   ] (명)입니다. ㄷ 막대의 길이는 각 반에서 [   ]을

쓴 학생 수를 나타냅니다. 따라서 설명이 옳은 것은 [   ]입니다.

답 _____

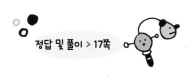

2. 효주네 반 학생들이 좋아하는 색깔을 조사하여 나타낸 막대그래프입니다. 설명이 옳은 것을 찾아 기호를 쓰려고 합니다. 풀이 과정을 쓰고, 답을 구하세요. 15점

⊙ 가로는 학생 수를 나타냅니다.

ⓒ 세로 눈금 한 칸은 1명을 나타냅니다.

ⓒ 학생들이 가장 좋아하는 색깔은 파랑입니다.

좋아하는 색깔

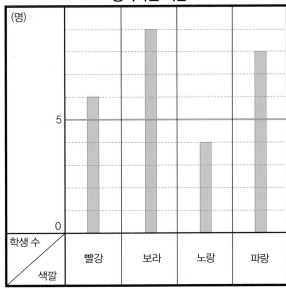

풀이

답 _____

STEP 1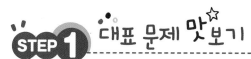

유민이네 반 학생들이 가장 좋아하는 음식을 조사하였습니다. 조사한 것을 보고 막대그래프를 완성하세요. (8점)

좋아하는 음식별 학생 수

음식	삼겹살	떡볶이	피자	라면	자장면	합계
학생 수(명)	7	5	3	5	4	24

좋아하는 음식별 학생 수

(명)

5

0

| 학생 수 / 음식 | 삼겹살 | 떡볶이 | 피자 | 라면 | 자장면 |

1단계 알고 있는 것 (1점)

조사한 것을 나타낸 ☐ 와 막대그래프의 ☐ ,
세로가 나타내는 것과 ☐ 눈금 한 칸의 크기를 알고 있습니다.

2단계 구하려는 것 (1점)

조사한 것을 보고 ☐ 를 완성하려고 합니다.

3단계 문제 해결 방법 (2점)

세로 눈금 5칸이 5명을 나타내면 세로 눈금 한 칸은 ☐ 명을 나타냅니다.

4단계 문제 풀이 과정 (3점)

세로 눈금 한 칸이 1명을 나타내므로 삼겹살은 ☐ 칸,
떡볶이 ☐ 칸, 피자 ☐ 칸, 라면 ☐ 칸, 자장면 ☐ 칸만큼
세로로 막대를 그려 나타냅니다.

5단계 구하려는 답 (1점)

좋아하는 음식별 학생 수

(명)

5

0

| 학생 수 / 음식 | 삼겹살 | 떡볶이 | 피자 | 라면 | 자장면 |

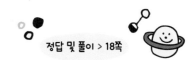

STEP 2 따라 풀어보기 ☆

학생들이 체육 시간에 하고 싶은 운동을 조사하였습니다. 조사한 것을 보고 막대그래프를 완성하세요. (9점)

하고 싶은 운동별 학생 수

운동	축구	야구	방송 댄스	줄넘기	합계
학생 수(명)	9	4	8	3	24

하고 싶은 운동별 학생 수

축구				
야구				
방송댄스				
줄넘기				
운동 \ 학생 수	0	5		(명)

1단계 알고 있는 것 (1점)

조사한 것을 나타낸 [ ] 와 막대그래프의 [ ],

세로가 나타내는 것과 [ ] 눈금 한 칸의 크기를 알고 있습니다.

2단계 구하려는 것 (1점)

조사한 것을 보고 [ ] 를 완성하려고 합니다.

3단계 문제 해결 방법 (2점)

가로 눈금 5칸이 5명을 나타내면 가로 눈금 한 칸은 [ ] 명을 나타냅니다.

4단계 문제 풀이 과정 (3점)

가로 눈금 한 칸이 1명을 나타내므로 축구 [ ] 칸, 야구 [ ] 칸, 방송 댄스 [ ] 칸, 줄넘기 [ ] 칸만큼 가로로 막대를 그려 나타냅니다.

5단계 구하려는 답 (2점)

하고 싶은 운동별 학생 수

축구				
야구				
방송댄스				
줄넘기				
운동 \ 학생 수	0	5		(명)

1. 학생들이 좋아하는 과일을 조사하여 나타낸 표와 막대그래프입니다. ㉠과 ㉡에 알맞은 수를 구하는 풀이 과정을 쓰고, 답을 구하세요. (10점)

좋아하는 과일별 학생 수

과일	사과	포도	딸기	배	합계
학생 수(명)	8	㉠	7	㉡	22

좋아하는 과일별 학생 수

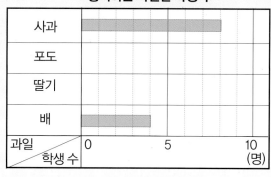

풀이

막대그래프에서 가로 눈금 한 칸은 ☐ 명을 나타냅니다.

배의 막대는 가로 눈금 ☐ 칸이므로 ㉡ = ☐ 입니다.

표의 합계를 이용하면 8 + ㉠ + 7 + ☐ = ☐ 이므로 ㉠ = ☐ 입니다.

따라서 ㉠에 알맞은 수는 ☐ 이고 ㉡에 알맞은 수는 ☐ 입니다.

답

2. 가게별로 팔린 오렌지 주스의 수를 나타낸 표와 막대그래프입니다. ㉠과 ㉡의 차를 구하세요. 풀이 과정을 쓰고, 답을 구하세요. 15점

가게별 팔린 오렌지 주스의 수

가게	(가)	(나)	(다)	(라)	합계
주스 개수(병)	6	㉠	18	㉡	50

가게별 팔린 오렌지 주스의 수

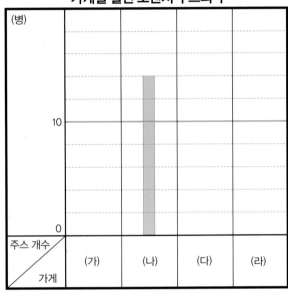

 풀이

답 _____

1

 유형❶+❷

 힌트로 해결 끝!

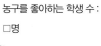
농구를 좋아하는 학생 수 :
□명

축구를 좋아하는 학생 수 :
(□+12)명

유진이네 학교 4학년 학생들이 좋아하는 운동을 조사하여 나타낸 표입니다.
축구를 좋아하는 학생은 농구를 좋아하는 학생보다 12명이 더 많다고 합니다.
표를 보고 막대그래프로 나타낼 때 세로에 학생 수를 나타내려면 세로 눈금은 적
어도 몇 명까지 나타낼 수 있어야 하는지 풀이 과정을 쓰고, 답을 구하세요. 20점

좋아하는 운동별 학생 수

운동	축구	줄넘기	농구	야구	달리기	합계
학생 수(명)		12		16	24	92

 풀이

답

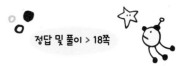

2

가영이네 반 34명의 취미를 조사하여 나타낸 막대그래프의 일부분이 찢어졌습니다. 피아노가 취미인 학생 수는 첼로가 취미인 학생 수보다 2명 더 많습니다. 축구가 취미인 학생 수를 나타내는 막대는 세로 눈금 몇 칸인지 풀이 과정을 쓰고, 답을 구하세요. 20점

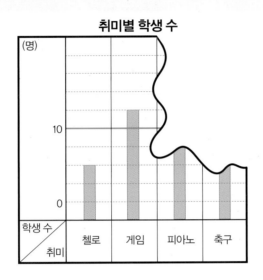

피아노가 취미인 학생 수를 구합니다.

전체 사람 수를 이용하여 축구가 취미인 학생 수를 구합니다.

풀이

답

힌트로 해결 끝!

한 칸에 탈 수 있는 사람 수를 알아야 필요한 놀이기구 칸 수를 구할 수 있어요.

어느 놀이공원에 있는 놀이 기구 한 칸에 탈 수 있는 사람 수를 조사하여 나타낸 막대그래프입니다. 지우네 반 학생 24명이 한꺼번에 모두 바이킹을 타려면 바이킹은 적어도 몇 칸이 있어야 하는지 풀이 과정을 쓰고, 답을 구하세요. **20점**

놀이 기구별 한 칸에 탈 수 있는 사람 수

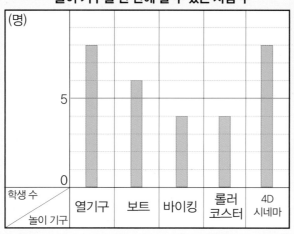

 풀이

답 _____

정답 및 풀이 > 19쪽

4

힌트로 해결 끝!

막대의 길이 변화를 살펴
봅니다.

전체 인구를 100으로 보았을 때 연령별 인구 구성비를 나타낸 막대그래프입니다.
2017년 이후 0세~14세 인구와 65세 이상 인구의 구성비는 어떻게 될 것이라고
생각하나요? 또, 그렇게 생각한 이유는 무엇인지 쓰세요. 20점

연령별 인구 구성비

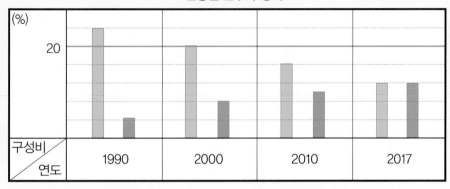

■ 0세~14세 인구 구성비   ■ 65세 이상 인구 구성비

풀이

나만의 문제 만들기

거꾸로 풀며 나만의 문제를 완성해 보세요.

모를 때 찍어봐!

정답 및 풀이 > 19쪽

다음은 주어진 말과 조건을 활용하여 만든 문제를 보고 풀이 과정과 답을 구한 것입니다.
어떤 문제였을까요? 거꾸로 문제 만들기, 도전해 볼까요? 15점

말	표, 막대그래프
조건	전체 학생 수를 알아보기에 편리한 것을 찾는 문제 만들기

★힌트★
주제어를 반드시 넣기!

문제

풀이

표에는 합계가 있어 항목별 학생 수를 더하지 않아도 전체 학생 수를 쉽게 알 수 있습니다.

따라서 전체 학생 수를 구할 때에는 표가 더 편리합니다.

답 ___표___

6. 규칙 찾기

STEP 1 대표 문제 맛보기

다음 수 배열표를 보고 ㉠, ㉡, ㉢에 알맞은 수를 구하는 풀이 과정을 쓰고, 답을 구하세요. (8점)

21	31	㉠	51
121	㉡	141	151
221	231	241	251
㉢		341	

1단계 알고 있는 것 (1점)   수 [　　　] 가 주어져 있습니다.

2단계 구하려는 것 (1점)   [　] , ㉡, [　] 에 알맞은 수를 구하려고 합니다.

3단계 문제 해결 방법 (2점)   가로줄과 세로줄의 수 배열의 [　　] 을 찾은 후,

㉠, ㉡, [　] 에 알맞은 수를 구합니다.

4단계 문제 풀이 과정 (3점)   가로줄의 수는 오른쪽으로 가면서 [　　] 씩 커지고, 세로줄의 수는

아래로 내려가면서 [　　] 씩 커집니다.

㉠=31+[　　]=[　　] , ㉡=121+[　　]=[　　] ,

㉢=221+[　　]=[　　] 입니다.

5단계 구하려는 답 (1점)   따라서 ㉠=[　　] , ㉡=[　　] , ㉢=[　　] 입니다.

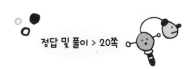

STEP 2 따라 풀어보기 ☆

다음 수 배열표를 보고 ㉠, ㉡에 알맞은 두 수의 합을 구하는 풀이 과정을 쓰고, 답을 구하세요. (9점)

8111	㉠	8151	8171
7111	7131	7151	7171
6111			㉡
5111	5131	5151	5171

1단계 알고 있는 것 (1점) 수 ☐ 가 주어져 있습니다.

2단계 구하려는 것 (1점) ㉠과 ㉡의 (합 , 차)을(를) 구하려고 합니다.

3단계 문제 해결 방법 (2점) 가로줄과 세로줄에서 ☐ 을 찾은 후, ㉠과 ㉡에 들어갈 알맞은 수를 구해 두 수를 (더합니다 , 뺍니다).

4단계 문제 풀이 과정 (3점) 가로줄은 오른쪽으로 가면서 ☐ 씩 커지고

세로줄은 아래로 내려가면서 ☐ 씩 작아집니다.

㉠ = 8111+ ☐ = ☐ 이고

㉡ = 7171 − ☐ = ☐ 이므로

㉠ + ㉡ = ☐ + ☐ = ☐ 입니다.

5단계 구하려는 답 (2점)

STEP 3 스스로 풀어보기 ☆

유형①

1. 덧셈을 이용한 수 배열표에서 ■, ▲에 알맞은 수를 구하는 풀이 과정을 쓰고, 답을 구하세요. (10점)

	1101	1202	1303	1404
16	7	8	9	0
17	8	9	0	■
18	9	0	1	2
19	0	1	▲	3

풀이

색칠된 가로줄과 세로줄의 두 수의 합에서 ☐ 의 자리 숫자를 쓰는 규칙입니다.

따라서 ☐ + 17 = ☐ 이므로 ■는 ☐ ,

1303 + ☐ = ☐ 이므로 ▲는 ☐ 입니다.

답

2. 곱셈을 이용한 수 배열표에서 ■, ▲에 알맞은 수를 구하는 풀이 과정을 쓰고, 답을 구하세요. (15점)

	11	12	13	14	15
11	1	2	3	4	5
12	2	4	■	8	0
13	3	6	9	2	5
14	4	8	2	▲	0

풀이

답

☆ 도형의 배열에서 규칙 찾기

정답 및 풀이 > 20쪽

STEP 1 대표 문제 맛보기

정사각형을 이용하여 일정한 규칙으로 만든 모양입니다. 그림을 보고 다섯째에 올 모양에 이용된 정사각형의 수를 구하려고 합니다. 풀이 과정을 쓰고, 답을 구하세요. (8점)

| (첫째) | (둘째) | (셋째) | (넷째) |

1단계 알고 있는 것 (1점)
□ 을 이용하여 일정한 규칙으로 만든 모양이 주어져 있습니다.

2단계 구하려는 것 (1점)
□ 에 올 모양에 이용된 □ 의 수를 구하려고 합니다.

3단계 문제 해결 방법 (2점)
□ 모양의 배열에서 규칙을 찾은 후 □ 에 올 모양에 이용된 정사각형의 수를 구합니다.

4단계 문제 풀이 과정 (3점)
정사각형이 첫째는 1개, 둘째는 □ 개, 셋째는 6개, 넷째는

□ 개로 1개에서부터 2개, □ 개, 4개,……씩 늘어납니다.

다섯째에 올 모양에 이용된 정사각형의 수는 넷째보다 □ 개 많은

□ + 5 = □ (개)입니다.

5단계 구하려는 답 (1점)
따라서 다섯째에 올 모양에 이용된 정사각형의 수는 □ 개입니다.

STEP 2 따라 풀어보기 ☆

정사각형을 이용하여 규칙적인 모양을 만든 것입니다. 모양의 배열을 보고 다섯째에 올 모양에 이용된 정사각형의 수를 구하려고 합니다. 풀이 과정을 쓰고, 답을 구하세요. (9점)

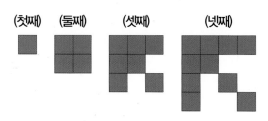
(첫째) (둘째) (셋째) (넷째)

1단계 알고 있는 것 (1점) ☐ 을 이용하여 일정한 규칙으로 만든 모양이 주어져 있습니다.

2단계 구하려는 것 (1점) ☐ 에 올 모양에 이용된 정사각형의 수를 구하려고 합니다.

3단계 문제 해결 방법 (2점) 정사각형 모양의 배열에서 규칙을 찾은 후 (다섯째 , 여섯째)에 올 모양에 이용된 정사각형의 수를 구합니다.

4단계 문제 풀이 과정 (3점) 정사각형이 첫째는 1개, 둘째는 ☐ 개, 셋째는 7개,

넷째는 ☐ 개로 1개에서부터 ☐ 개씩 늘어납니다.

다섯째에 올 모양에 이용된 정사각형의 수는

넷째보다 ☐ 개 많은 10 + 3 = ☐ (개)입니다.

5단계 구하려는 답 (2점)

90

1. 도형의 배열에서 규칙을 찾아 다섯째 도형에 ■와 ★을 그리세요. 풀이 과정을 쓰고, 답을 구하세요. 10점

(첫째)	(둘째)	(셋째)	(넷째)	(다섯째)

풀이

★은 (시계 , 시계 반대) 방향으로 [　] 칸씩 이동하고 ■은 (시계 , 시계 반대) 방향으로

[　] 칸씩 이동하는 규칙입니다. 따라서 다섯째 도형은 (직접 그려보세요.)입니다.

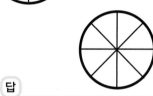

답 _____

2. 규칙에 따라 다섯째에 알맞게 색칠하려고 합니다. 풀이 과정을 쓰고, 답을 구하세요. 15점

(첫째)	(둘째)	(셋째)	(넷째)	(다섯째)

풀이

답 [　][　][　][　][　][　]

☆ 계산식에서 규칙 찾기

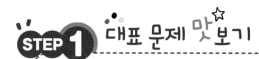

덧셈식에서 규칙을 찾아 ㉠에 들어갈 식을 구하려고 합니다. 풀이 과정을 쓰고, 답을 구하세요. (8점)

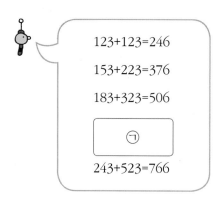

123+123=246

153+223=376

183+323=506

㉠

243+523=766

1단계 알고 있는 것 (1점)   (덧셈 , 뺄셈)식이 주어져 있습니다.

2단계 구하려는 것 (1점)   ㉠에 들어갈 (덧셈 , 뺄셈)식을 구하려고 합니다.

3단계 문제 해결 방법 (2점)   (덧셈 , 뺄셈)식에서 규칙을 찾은 후 ㉠에 들어갈 (덧셈 , 뺄셈)식을 구합니다.

4단계 문제 풀이 과정 (3점)   더해지는 수가 [   ]씩 커지고 더하는 수가 [   ]씩 커지므로

두 수의 합은 [   ]씩 커집니다. ㉠에서 더해지는 수는

183+[   ]=[   ], 더하는 수는 323+[   ]

=[   ], 합은 506+[   ]=[   ]입니다.

5단계 구하려는 답 (1점)   따라서 ㉠에 들어갈 식은 [   ]입니다.

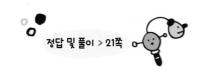

STEP 2 따라 풀어보기☆

곱셈식에서 규칙을 찾아 다섯째 빈칸에 알맞은 곱셈식을 구하려고 합니다. 풀이 과정을 쓰고, 답을 구하세요. (9점)

순서	곱셈식
첫째	12345679×9=111111111
둘째	12345679×18=222222222
셋째	12345679×27=333333333
넷째	12345679×36=444444444
다섯째	

1단계 알고 있는 것 (1점) (곱셈 , 나눗셈)식이 주어져 있습니다.

2단계 구하려는 것 (1점) ☐째 빈칸에 알맞은 (곱셈 , 나눗셈)식을 구하려고 합니다.

3단계 문제 해결 방법 (2점) (곱셈 , 나눗셈)식에서 규칙을 찾아 다섯째 빈칸에 알맞은 (곱셈 , 나눗셈)식을 구합니다.

4단계 문제 풀이 과정 (3점) 곱해지는 수는 ☐ 로 모두 같습니다. 곱하는 수는

9, 18, 27,……로 9의 1배, 2배, ☐ 배, ……인 수입니다.

계산 결과는 111111111, 222222222, ☐ , ……

으로 각 자리의 숫자가 모두 같은 (여덟 , 아홉) 자리 수입니다.

다섯째 빈칸에서 곱해지는 수는 ☐ 이고

곱하는 수는 9의 ☐ 배인 ☐ 이며 곱셈의 결과는

☐ 입니다.

5단계 구하려는 답 (2점)

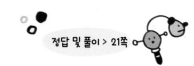

STEP 3 스스로 풀어보기

1. 규칙적인 계산식을 보고 다섯째 칸에 올 계산식을 구하려고 합니다. 풀이 과정을 쓰고, 답을 구하세요. (10점)

순서	계산식
첫째	1×9=9
둘째	12×9=108
셋째	123×9=1107
넷째	1234×9=11106

풀이

1, 12, ☐ ……과 같이 자릿수가 늘어나는 수에 ☐ 를 곱하면 계산의 결과의 일의

자리 수는 ☐ 씩 줄어들고, 십의 자리 숫자는 ☐ 이고 그 왼쪽으로 1의 개수가 ☐ 개씩

늘어납니다.

따라서 다섯째 칸에 올 계산식은 ☐ × ☐ = ☐ 입니다.

답 _____

2. 규칙적인 계산식을 보고 여섯째에 올 계산식을 쓰세요. 풀이 과정을 쓰고, 답을 구하세요. (15점)

순서	계산식
첫째	111111÷3=37037
둘째	222222÷6=37037
셋째	333333÷9=37037
넷째	444444÷12=37037

풀이

답 _____

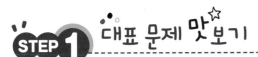

달력을 보고 다음 조건을 모두 만족하는 수를 구하는 풀이 과정을 쓰고, 답을 구하세요. (8점)

일	월	화	수	목	금	토
1	2	3	4	5	6	7
8	9	10	11	12	13	14
15	16	17	18	19	20	21
22	23	24	25	26	27	28
29	30	31				

[조건]
· □ 안에 있는 수 중의 하나입니다.
· □ 안에 있는 9개의 수의 합을 9로 나눈 몫과 같습니다.

1단계 알고 있는 것 (1점)

[　　　]과 □ 표시 안의 수들을 알고 있습니다.

2단계 구하려는 것 (1점)

□ 안에 있는 수 중 하나로 □ 안에 있는 [　　]개의 수의 (합 , 차)을(를) 9로 나눈 몫과 같은 수를 구하려고 합니다.

3단계 문제 해결 방법 (2점)

먼저 □ 안에 있는 9개의 수의 (합 , 차)을(를) 구한 후 [　　]로 나눈 (곱 , 몫)을 구합니다.

4단계 문제 풀이 과정 (3점)

□ 안에 있는 9개의 수의 (합, 차)은(는)

$9 + 10 + 11 +$ [　　] $+$ [　　] $+$ [　　] $+ 23 + 24 + 25$

$=$ [　　] 이고 [　　] $÷ 9 =$ [　　] 입니다.

5단계 구하려는 답 (1점)

따라서 조건을 만족하는 수는 [　　] 입니다.

달력의 □ 안에 있는 9개의 수를 모두 더하면 153입니다. 이와 같은 모양으로 9개의 수를 모두 더한 합이 117이 되는 9개의 수 중 가운데 수는 얼마인지 풀이 과정을 쓰고, 답을 구하세요. (9점)

일	월	화	수	목	금	토
1	2	3	4	5	6	7
8	9	10	11	12	13	14
15	16	17	18	19	20	21
22	23	24	25	26	27	28
29	30	31				

1단계 알고 있는 것 (1점)

[   ]과 □ 표시 안의 9개의 수들의 합이 [   ]임을 알고 있습니다.

2단계 구하려는 것 (1점)

합이 [   ]이 되는 9개의 수 중 (처음 , 가운데) 수를 구하려고 합니다.

3단계 문제 해결 방법 (2점)

□ 안에 있는 9개의 수의 합과 (처음 , 가운데) 수와의 관계를 찾은 후,

합이 [   ]이 되는 9개의 수 중 (처음 , 가운데) 수를 구합니다.

4단계 문제 풀이 과정 (3점)

□ 안에 있는 9개의 수 중 가운데 수는 17이고

153 ÷ [   ] = 17입니다. 9개의 수를 모두 더한 합이 [   ](이)가 되는 9개의 수 중 가운데 수는 [   ] ÷ 9 = [   ]입니다.

5단계 구하려는 답 (2점)

STEP 3 스스로 풀어보기

유형④

1. 규칙적인 계산식을 보고 다섯째 빈칸에 알맞은 계산식을 구하려고 합니다. 풀이 과정을 쓰고, 답을 구하세요. (10점)

순서	계산식
첫째	1100+200-400=900
둘째	1200+400-500=1100
셋째	1300+600-600=1300
넷째	1400+800-700=1500
다섯째	

풀이

1100, ⬚ , 1300, ……과 같이 ⬚ 씩 커지는 수에 200, 400, 600, ……과 같이 200씩 커지는 수를 더하고 400, 500, 600, ……과 같은 100씩 커지는 수를 빼면

계산 결과는 200씩 커집니다.

따라서 다섯째 빈칸에 알맞은 계산식은 ⬚ +1000- ⬚ = ⬚ 입니다.

답 _____

2. 나눗셈식에서 규칙을 찾아 계산 결과가 654321이 되는 나눗셈식을 구하려고 합니다. 풀이 과정을 쓰고, 답을 구하세요. (15점)

순서	나눗셈식
첫째	9÷9=1
둘째	189÷9=21
셋째	2889÷9=321
넷째	38889÷9=4321

풀이

답 _____

힌트로 해결 끝!

흰 바둑돌 개수의 규칙 찾기

검은 바둑돌 개수의 규칙 찾기

1

규칙대로 놓인 바둑돌을 보고 열셋째에 놓인 흰 바둑돌과 검은 바둑돌의 개수의 차를 구하려고 합니다. 풀이 과정을 쓰고, 답을 구하세요. 20점

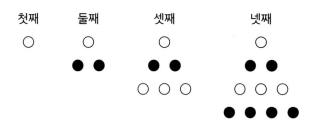

첫째　　　둘째　　　셋째　　　넷째

풀이

답 _____

2

각 변에 놓인 정사각형의 개수를 알아보아요.

정사각형을 규칙에 따라 나누어 그린 것입니다. 규칙을 찾아 다섯째 그림에서 만들어지는 가장 작은 정사각형은 몇 개인지 구하려고 합니다. 풀이 과정을 쓰고, 답을 구하세요. 20점

첫째	둘째	셋째

첫째 둘째 셋째 ……

풀이

답

3

시완이는 다음과 같이 저금을 하려고 합니다. 여섯째 달에 저금할 금액을 구하는 풀이 과정을 쓰고, 답을 구하세요. (20점)

순서	1000원짜리 지폐의 수(장)	500원짜리 동전의 수(개)	100원짜리 동전의 수(개)
첫째 달	1	1	1
둘째 달	2	3	4
셋째 달	3	5	7
넷째 달	4	7	10

힌트로 해결 끝!

1000원짜리 지폐,
500원짜리 동전,
100원짜리 동전
→ 개수의 규칙 찾기

풀이

답 _____

4

창의융합

힌트로 해결 끝!

수 배열을 보고 아래줄을
만드는 규칙 찾기

다음은 '파스칼의 삼각형'으로 자연수를 삼각형 모양으로 배열한 것입니다. '파스칼의 삼각형'을 만드는 방법에 대한 설명을 읽고 ㉠에 알맞은 수를 구하려고 합니다. 풀이 과정을 쓰고, 답을 구하세요. (20점)

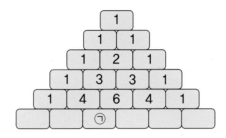

1. 가장 윗줄에는 숫자 1을 씁니다.

2. 각 가로줄의 처음과 끝은 항상 1입니다.

3. 위의 이웃하는 두 수를 더해 아래 빈칸에 쓰는 규칙입니다.

 풀이

답

거꾸로 풀며 나만의 문제를 완성해 보세요.

정답 및 풀이 > 23쪽

다음은 주어진 그림을 이용해서 만든 문제를 보고 풀이 과정과 답을 구한 것입니다. 어떤 문제였을까요? 거꾸로 문제 만들기, 도전해 볼까요? 15점

그림

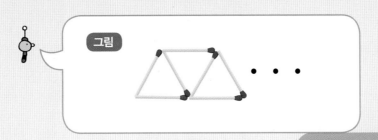

★ 힌트 ★
성냥개비 개수 구하는 문제 만들기

문제

풀이

정삼각형의 수와 성냥개비의 수를 표로 나타내면 다음과 같습니다.

정삼각형의 수(개)	1	2	3
성냥개비의 수(개)	3	5	7

정삼각형이 1개일 성냥개비의 수는 3개이고 정삼각형이 1개씩 늘어날 때마다 성냥개비는 2개씩 늘어납니다. 따라서 정삼각형 7개를 만들 때 필요한 성냥개비의 수는 3+2×6=3+12=15(개)입니다.

답 15개

MEMO

MEMO

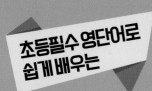

초등수학

한 권으로 서술형 끝

정답

7

초등수학
4-1 과정

넥서스에듀

초등수학 6년 과정을 1년에 OK!

한 권으로
계산 끝

동영상 강의 +
문제풀이 과정

- 매일매일 일정한 양의 문제풀이를 통한 **단계별·능력별 자기주도학습**

- 무료 동영상을 통해 연산 원리를 알아가는 **초등 기초 수학 + 연산 실력의 완성**

- 규칙적으로 공부하는 **끈기력+계산력+연산력 습관 완성**

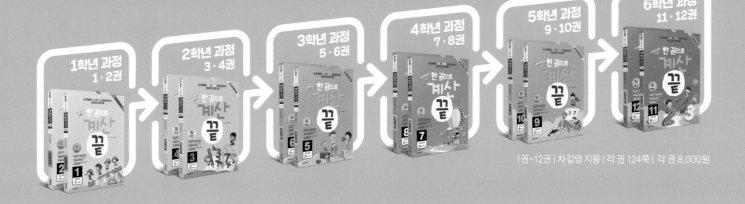

1권~12권 | 차길영 지음 | 각 권 124쪽 | 각 권 8,000원

 넥서스에듀의 편리한 학습시스템
www.nexusEDU.kr/math

 진단평가　 무료 동영상 강의　 초시계　 문제풀이 과정　 마무리 평가　 추가 문제

초등수학 한 권으로 서술형 끝

정답

7

초등수학 4-1 과정

넥서스에듀

1단원 큰 수

 **다섯 자리 수**

1단계 32000, 41000, 53200

2단계 운동화

3단계 운동화

4단계 3, 30000 / 2, 2000 / 6, 600 / 30000, 2000, 600 / 32600

5단계 (가)

1단계 23000, 47000

2단계 장난감

3단계 민석, 장난감

4단계 2, 20000 / 3, 3000 / 1, 100 / 4, 40 / 20000, 3000, 100, 40 / 23140

5단계 따라서 민석이가 살 수 있는 장난감은 자동차입니다.

❶

풀이 9, 작은 / 2, 5, 7, 8 / 9 / 29578

답 29578

	오답 제로를 위한 **채점 기준표**	
	세부 내용	점수
풀이 과정	① 천의 자리 숫자가 9인 다섯 자리 수를 만든 경우	3
	② 가장 작은 수부터 차례로 높은 자리에 쓴 경우	3
	③ 29578을 구한 경우	3
답	29578이라고 쓴 경우	1
	총점	10

❷

풀이 백의 자리 숫자가 8인 다섯 자리 수는 ○○8○○입니다. 가장 큰 수를 만들려면 높은 자리부터 큰 수를 차례로 놓습니다. 8을 제외한 나머지 수들의 크기를 비교하면 7>5>4>1이므로 백의 자리 숫자가 8인 가장 큰 수는 75841입니다.

답 75841

	오답 제로를 위한 **채점 기준표**	
	세부 내용	점수
풀이 과정	① 다섯 자리 수를 ○○8○○으로 나타낸 경우	3
	② 높은 자리부터 큰 수를 차례로 놓은 경우	3
	③ 75841을 구한 경우	7
답	75841이라고 쓴 경우	2
	총점	15

 **억, 조**

1단계 256817200000

2단계 5, 억

3단계 5, 억

4단계 백억, 50000000000 / 50000000000, 500

5단계 500

1단계 3785

2단계 7, 조

3단계 7, 조

4단계 7, 700조 / 700조, 700

5단계 따라서 숫자 7이 나타내는 값은 조가 700개인 수입니다.

❶

풀이 백억, 50000000000 / 십만, 500000 / 5, 100000

답 100000배

세부 내용		점수
풀이 과정	① ㉠이 50000000000을 나타낸다고 한 경우	3
	② ㉡이 500000을 나타낸다고 한 경우	3
	③ ㉠이 ㉡의 100000배라고 한 경우	3
답	100000배를 쓴 경우	1
총점		10

❷

풀이 ㉠의 숫자 3은 십만의 자리 숫자이므로 300000을 나타냅니다. ㉡의 숫자 3은 억의 자리 숫자이므로 30000 0000을 나타냅니다. 300000000은 300000보다 0이 3개 더 많으므로 ㉡에서 숫자 3이 나타내는 수는 ㉠에서 숫자 3이 나타내는 수의 1000배입니다.

답 1000배

세부 내용		점수
풀이 과정	① ㉠에서 숫자 3이 300000을 나타낸다고 한 경우	5
	② ㉡에서 숫자 3이 300000000을 나타낸다고 한 경우	5
	③ ㉡이 ㉠의 1000배라고 한 경우	3
답	1000배라고 쓴 경우	2
총점		15

핵심유형❸ 뛰어 세기

STEP ❶ ·· P. 18

1단계 76000, 36000, 10000

2단계 참가비

3단계 36000, 10000

4단계 10000 / 46000, 56000, 66000

5단계 4

STEP ❷ ·· P. 19

1단계 20000, 20000

2단계 100000, 후

3단계 20000, 20000

4단계 20000, 2 / 40000, 60000, 80000 / 100000

5단계 따라서 달린 총 거리가 100000 km가 되는 때는 지금부터 4년 후입니다.

STEP ❸ ·· P. 20

❶

풀이 10억, 4 / 70억, 60억, 50억 / 50억

답 50억

세부 내용		점수
풀이 과정	① 10억씩 거꾸로 4번 뛰어 센다고 한 경우	3
	② 뛰어 세기 한 경우	3
	③ ㉠이 50억임을 쓴 경우	3
답	50억을 쓴 경우	1
총점		10

❷

풀이 4610조에서 20조씩 거꾸로 뛰어 세기를 3번 하면 십조의 자리 숫자가 2씩 작아지므로 4610조 − 4590조 − 4570조 − 4550조입니다. 따라서 ㉠에 알맞은 수는 4550조입니다.

답 4550조

세부 내용		점수
풀이 과정	① 20조씩 거꾸로 3번 뛰어 세기로 해결함을 설명한 경우	4
	② 뛰어 세기 한 경우	4
	③ ㉠에 알맞은 수 4550조라 한 경우	6
답	4550조라고 쓴 경우	1
총점		15

제시된 풀이는 모범답안이므로 **채점 기준표**를 참고하여 채점하세요.

핵심유형 ④ 크기 비교

STEP 1 .... P. 21

1단계 9732577, 13228177

2단계 서울, 많은

3단계 9732577, 13228177, 많은

4단계 9732577, 7 / 13228177, 8 / 큰, <

5단계 경기도

STEP 2 .... P. 22

1단계 40535, 66806

2단계 대전, 많은

3단계 66806, 큰

4단계 66806, 5 / 6 / 40535, 66806

5단계 따라서 서울 월드컵 경기장의 관람석 수가 더 많습니다.

STEP 3 .... P. 23

❶

풀이 높은 / 천만, 만 / 백 / 7, 7 / 7, 8, 9

답 7, 8, 9

오답 제로를 위한 **채점 기준표**

	세부 내용	점수
풀이 과정	① 백의 자리 수를 비교한 경우	3
	② □=7이거나 □>7로 설명한 경우	3
	③ □ 안에 들어갈 수를 7, 8, 9로 나타낸 경우	3
답	7, 8, 9를 쓴 경우	1
	총점	10

❷

풀이 968□75143 < 968463415에서 두 수는 자리 수가 같으므로 높은 자리 수부터 차례로 비교합니다. 두 수는 억의 자리, 천만의 자리, 백만의 자리 수가 서로 같으므로 만의 자리 수를 비교하면 7>6이므로 □ 안에는 4보다 작은 수가 들어갈 수 있습니다. 따라서 □ 안에 들어갈 수 있는 수는 0, 1, 2, 3입니다.

답 0, 1, 2, 3

오답 제로를 위한 **채점 기준표**

	세부 내용	점수
풀이 과정	① 만의 자리 수를 비교한 경우	5
	② □<4라고 나타낸 경우	5
	③ □ 안에 들어갈 수 있는 수를 0, 1, 2, 3이라 한 경우	3
답	0, 1, 2, 3을 쓴 경우	2
	총점	15

.... P. 24

❶

풀이 가장 큰 수는 높은 자리부터 큰 수를 차례로 써서 나타낸 44332211입니다.
가장 작은 수는 가장 높은 자리에 0이 아닌 가장 작은 작은 수를 놓아야 합니다. 천만의 자리에 1, 백만의 자리부터는 0부터 작은 순서대로 놓으면 가장 작은 수는 10012233입니다. 따라서 가장 큰 수와 가장 작은 수의 차는 44332211-10012233=34319978입니다.

답 34319978

오답 제로를 위한 **채점 기준표**

	세부 내용	점수
풀이 과정	① 가장 큰 수를 44332211로 구한 경우	7
	② 가장 작은 수를 10012233으로 구한 경우	7
	③ 두 수의 차를 34319978로 구한 경우	5
답	34319978이라고 쓴 경우	1
	총점	20

❷

풀이 2500000-3500000-㉠-5500000에서 백만의 자리 숫자가 1씩 커지므로 1000000씩 뛰어 세기를 한 것입니다. 따라서 ㉠은 3500000에서 1000000 뛰어 세기 한 4500000입니다. 10만-100만-1000만-㉡에서 앞 수의 10배가 되는 규칙이므로 ㉡은 1000만의 10배인 1억입니다. 4500000<1억이므로 두 수 중 더 작은 수는 ㉠입니다.

답 ㉠

세부 내용		점수
풀이 과정	① ㉠에 알맞은 수를 4500000으로 구한 경우	7
	② ㉡에 알맞은 수를 1억으로 구한 경우	7
	③ 두 수 중에서 작은 수를 ㉠이라 한 경우	5
답	㉠을 쓴 경우	1
총점		20

3

풀이 7+㉠+㉡=14에서 ㉠+㉡=7, ㉠+㉡+㉢=14에서 ㉢=7입니다. ㉢+㉣+㉤=14에서 ㉣+㉤=7, ㉣+㉤+㉥=14에서 ㉥=7입니다. ㉥+㉦+4=14에서 7+㉦+4=14이므로 ㉦=3입니다. ㉤+㉥+㉦=14이므로 ㉤=4이고, ㉢+㉣+㉤=14이므로 ㉣=3, ㉡+㉢+㉣=14이므로 ㉡=4, ㉠=3입니다. 따라서 구하려는 수는 734734734입니다.

답 734734734

세부 내용		점수
풀이 과정	① ㉢=7, ㉥=7을 구한 경우	5
	② ㉦=3, ㉤=4를 구한 경우	5
	③ ㉣=3, ㉡=4, ㉠=3를 구한 경우 (구하는 순서는 다를 수 있습니다.)	5
	④ 구하려는 수를 734734734로 나타낸 경우	3
답	734734734를 쓴 경우	2
총점		20

4

풀이 천 리는 1리의 1000배입니다. 어떤 수의 1000배는 어떤 수 위에 0을 3개 더 붙입니다. 천 리는 1리인 393 m의 1000배로 393000 m입니다. 따라서 천 리는 약 393000 m입니다.

답 약 393000 m

세부 내용		점수
풀이 과정	① 천 리는 1리의 1000배임을 쓴 경우	9
	② 천 리를 393000 m라 한 경우	9
답	약 393000 m를 쓴 경우	2
총점		20

P. 26

문제 0, 1, 2, 3, 4, 5, 6, 7을 한 번씩 사용하여 여덟 자리 수를 만들려고 합니다. 가장 큰 수는 무엇인지 풀이 과정을 쓰고, 답을 구하세요.

세부 내용		점수
문제	① 보기의 수를 모두 사용한 경우	5
	② 보기의 조건을 그대로 사용한 경우	5
	③ 가장 큰 수를 구하는 문제를 만든 경우	5
총점		15

제시된 풀이는 **모범답안**이므로 **채점 기준표**를 참고하여 채점하세요.

2단원 각도

핵심유형 1 직각보다 작은 각과 큰 각

STEP 1 .... P. 28

1단계 직사각형

2단계 예각

3단계 예각

4단계

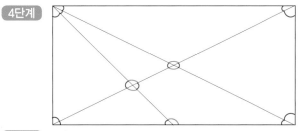

5단계 14, 5

STEP 2 .... P. 29

1단계 5

2단계 둔각, 작은

3단계 둔각, 작은

4단계 180 / 5, 36 / 36 / 36, 36 / 36, 108

5단계 따라서 그림에서 찾을 수 있는 크고 작은 각 중 둔각이면 크기가 가장 작은 각의 크기는 108°입니다.

STEP 3 .... P. 30

1

풀이 0, 직각 / ㄴㅂㄷ, ㄷㅂㄹ, ㄹㅂㅁ, 4 / ㄷㅂㅁ, 2 / 6

답 6개

오답 제로를 위한 **채점 기준표**

	세부 내용	점수
풀이 과정	① 예각을 설명한 경우	3
	② 각 1개로 이루어진 예각 4개, 각 2개로 이루어진 예각 2개라고 한 경우	3
	③ 크고 작은 예각의 개수를 6개로 구한 경우	3
답	6개라고 쓴 경우	1
총점		10

2

풀이 둔각은 각도가 직각보다 크고 180°보다 작은 각입니다.
각 2개로 이루어진 둔각 : 각 ㄴㅂㄹ → 1개
각 3개로 이루어진 둔각 : 각 ㄱㅂㄹ, 각 ㄴㅂㅁ → 2개
따라서 크고 작은 둔각은 모두 3개입니다.

답 3개

오답 제로를 위한 **채점 기준표**

	세부 내용	점수
풀이 과정	① 둔각을 설명한 경우	4
	② 각 2개로 이루어진 둔각 1개, 각 3개로 이루어진 둔각 2개라고 한 경우	7
	③ 크고 작은 둔각의 개수를 3개로 구한 경우	3
답	3개라고 쓴 경우	1
총점		15

핵심유형 2 각도의 합과 차

STEP 1 .... P. 31

1단계 1, 4

2단계 합

3단계 각도, 더합니다

4단계 360 / 30, 30 / 120 / 120, 150

5단계 150

STEP 2 .... P. 32

1단계 10, 7

2단계 차

3단계 각도, 차

4단계 360 / 30, 30 / 150 / 150, 60, 90

5단계 따라서 두 시계의 긴바늘과 짧은바늘이 이루는 작은 쪽의 각도의 차는 90°입니다.

STEP 3 .... P. 33

❶

풀이   180 / 180, 180, 135, 45 / 180, 180, 135, 45

답   ㉠ : 45°, ㉡ : 45°

오답 제로를 위한 **채점 기준표**

	세부 내용	점수
풀이 과정	① 한 직선이 이루는 각도가 180°임을 나타낸 경우	3
	② ㉠의 각도를 45°로 구한 경우	3
	③ ㉡의 각도를 45°로 구한 경우	3
답	㉠ : 45°, ㉡ : 45°를 쓴 경우	1
	총점	10

❷

풀이   한 직선이 이루는 각도는 180°입니다.
55°+㉠+40°=180°이므로 ㉠=180°-95°=85°이고
㉠+40°+㉡=180°이므로 85°+40°+㉡=180°,
㉡=180°-125°=55°입니다.

답   ㉠ : 85°, ㉡ : 55°

오답 제로를 위한 **채점 기준표**

	세부 내용	점수
풀이 과정	① 한 직선이 이루는 각도를 180°라 한 경우	3
	② ㉠의 각도를 85°로 구한 경우	5
	③ ㉡의 각도를 55°로 구한 경우	5
답	㉠ : 85°, ㉡ : 55°를 쓴 경우	2
	총점	15

 **핵심유형 ❸**   삼각형 세 각의 크기와 합

STEP 1 .... P. 34

1단계 35, 100

2단계 ㉠

3단계 180, 뺍니다

4단계 135, 180 / 180, 135, 45

5단계 45

STEP 2 .... P. 35

1단계 47

2단계 ㉠, 합

3단계 180, 뺀

4단계 47, 180 / 180, 47, 133

5단계 따라서 ㉠과 ㉡의 각도의 합은 133°입니다.

STEP 3 .... P. 36

❶

풀이   3 / 180, 3, 540

답   540°

오답 제로를 위한 **채점 기준표**

	세부 내용	점수
풀이 과정	① 삼각형을 3개로 나눈 경우	3
	② 삼각형 세 각의 크기의 합이 180°임을 이용해 식을 쓴 경우	3
	③ 오각형의 다섯 각의 크기의 합을 구한 경우	3
답	540°를 쓴 경우	1
	총점	10

 제시된 풀이는 모범답안이므로
채점 기준표를 참고하여 채점하세요.

❷

풀이 육각형의 한 꼭짓점에서 다른 꼭짓점으로 선을 그으면 삼각형 4개로 나눌 수 있습니다. (육각형 여섯 각의 크기의 합)=(삼각형 세 각의 크기의 합)×4=180°×4=720° 입니다.

답 720°

세부 내용		점수
풀이 과정	① 삼각형 4개로 나눈 경우	5
	② 삼각형 세 각의 크기의 합이 180°임을 이용해 식을 쓴 경우	5
	③ 육각형의 여섯 각의 크기의 합을 구한 경우	3
답	720°를 쓴 경우	2
총점		15

 **핵심유형4** 사각형 네 각의 크기의 합

STEP 1 .... P. 37

1단계 80, 80

2단계 ㉠

3단계 360, 뺍니다

4단계 80, 80 / 260 / 260, 100

5단계 100

STEP 2 .... P. 38

1단계 54

2단계 ㉠, 합

3단계 360, 뺄

4단계 70, 124 / 124, 236

5단계 따라서 ㉠과 ㉡의 각도의 합은 236°입니다.

STEP 3 .... P. 39

❶

풀이 180, 180 / 180, 60 / 360 / 80 / 60, 80 / 215, 360 / 360, 215, 145

답 145°

세부 내용		점수
풀이 과정	① 사각형 네 각의 크기의 합이 360°라고 한 경우	3
	② ㉡을 60°라고 한 경우	3
	③ ㉠을 145°라고 한 경우	3
답	145°를 쓴 경우	1
총점		10

❷

풀이 사각형 네 각의 크기의 합은 360°이므로 ㉠+90°+80°+120°=360°, ㉠+290°=360°, ㉠=360°-290°=70°입니다. 한 직선이 이루는 각도는 180°이므로 80°+㉡=180°, ㉡=180°-80°=100°입니다. 따라서 ㉠+㉡=70°+100°=170°입니다.

답 170°

세부 내용		점수
풀이 과정	① 사각형 네 각의 크기의 합은 360°라고 한 경우	5
	② ㉠은 70°, ㉡은 100°라고 한 경우	5
	③ ㉠+㉡은 170°라고 한 경우	3
답	170°를 쓴 경우	2
총점		15

 **실력** 다지기

.... P. 40

❶

풀이 삼각형의 세 각의 크기의 합은 180°이므로 (삼각형의 나머지 한 각의 크기)=180°-65°-65°=50°입니다. 사각형의 네 각의 크기의 합은 360°이므로 (사각형의 나머지 한 각의 크기)=360°-135°-75°-80°=70°입니다. 한 직선이 이루는 각도는 180°이므로 ㉠=180°-50°-70°=60°입니다.

답 60°

세부 내용		점수
풀이 과정	① 삼각형의 나머지 각도를 50°로 구한 경우	7
	② 사각형의 나머지 각도를 70°로 구한 경우	7
	③ ㉠을 180°-50°-70°=60°로 구한 경우	4
답	60°라고 쓴 경우	2
총점		20

오답 제로를 위한 **채점 기준표**

❷

풀이   삼각형 ㄱㄴㄷ에서

(각 ㄷㄱㄴ)=180°-90°-23°=67°이므로

(각 ㅂㄱㄷ)=90°-(각 ㄷㄱㄴ)=90°-67°=23°입니다.

(각 ㄴㄷㄱ)=(각 ㅂㄷㄱ)=23°이므로

삼각형 ㄱㄷㅂ에서 (각 ㄱㅂㄷ)=180°-(각 ㅂㄱㄷ)-(각

ㅂㄷㄷ)=180°-23°-23°=134°입니다.

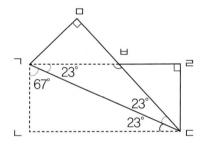

답   134°

세부 내용		점수
풀이 과정	① (각 ㄷㄱㄴ)=180°-90°-23°=67°로 나타낸 경우	6
	② (각 ㅂㄱㄷ)=90°-67°=23°로 나타낸 경우	6
	③ (각 ㅂㄷㄷ)=180°-23°-23°=134°로 구한 경우	6
답	134°를 쓴 경우	2
총점		20

오답 제로를 위한 **채점 기준표**

❸

풀이   사각형의 네 각의 크기의 합은 360°이므로 95°+20°+

㉡°+120°+㉢°+23°=360°, ㉡°+㉢°+258°=360°, ㉡°

+㉢°=360°-258°=102°입니다. 사각형 네 각의 크기

의 합은 360°이므로 ㉠°+㉡°+㉢°+120°=360°이고 ㉡°

+㉢°=102°이므로 ㉠°+102°+120°=360°, ㉠°=360°

-222°=138°입니다. 따라서 비밀번호는 138입니다.

답   138

세부 내용		점수
풀이 과정	① ㉡°+㉢°을 102°로 구한 경우	7
	② ㉠°을 138°로 구한 경우	7
	③ ㉠은 138이므로 비밀번호를 138로 나타낸 경우	4
답	138이라고 쓴 경우	2
총점		20

오답 제로를 위한 **채점 기준표**

❹

풀이   50°+(입사각)=90°이므로 (입사각)=90°-50°=40°이고

(반사각)=(입사각)=40°입니다.

답   40°

세부 내용		점수
풀이 과정	① 입사각을 40°로 구한 경우	9
	② 반사각을 40°로 구한 경우	9
답	40°를 쓴 경우	2
총점		20

오답 제로를 위한 **채점 기준표**

 .... P. 42

문제   그림을 보고 삼각형 세 각의 크기의 합이 몇 도인지 풀

이 과정을 쓰고, 답을 구하세요.

세부 내용		점수
문제	① 문제에 '그림'을 사용한 경우	5
	② 문제에 '삼각형'이라는 단어를 쓴 경우	5
	③ 문제에 '세 각의 합'이라는 표현을 쓴 경우	5
총점		15

오답 제로를 위한 **채점 기준표**

 제시된 풀이는 **모범답안**이므로

채점 기준표를 참고하여 채점하세요.

3단원 곱셈과 나눗셈

 **핵심유형 1** (세 자리 수)×(몇십)

STEP 1 ··· P. 44

1단계 40, 50

2단계 500

3단계 곱한, 곱한 / 더합니다

4단계 40, 20000 / 100, 5000 / 20000, 5000, 25000

5단계 25000

STEP 2 ··· P. 45

1단계 574, 376, 20

2단계 동화책

3단계 20, 20 / 더합니다

4단계 574, 114900 / 376, 7520 / 11480, 7520, 19000

5단계 따라서 동화책과 위인전의 무게는 모두 19000g입니다.

STEP 3 ··· P. 46

❶

풀이 ㉠, 9, 5 / 5, 352 / 352, 2464, 6 / 9

답 ㉠=5, ㉡=5, ㉢=6, ㉣=9

	세부 내용	점수
풀이 과정	① ㉠, ㉡을 5라고 한 경우	3
	② 352×7 =2464이므로 ㉢을 6이라 한 경우	3
	③ ㉣을 9라 한 경우	3
답	㉠ 5, ㉡ 5, ㉢ 6, ㉣ 9라고 쓴 경우	1
	총점	10

오답 제로를 위한 **채점 기준표**

❷

풀이 9와 ㉠을 곱했을 때 곱의 일의 자리 수가 4로 나오는 경우는 9×6=54이므로 ㉠은 6입니다. 549×7=3843이므로 ㉡=4입니다. ㉢=1+2+㉡이므로 ㉢=1+2+4=7입니다. 따라서 ㉠+㉡+㉢=6+4+7=17입니다.

답 17

	세부 내용	점수
풀이 과정	① ㉠을 6이라고 한 경우	3
	② ㉡을 4라고 한 경우	3
	③ ㉢을 7이라 한 경우	3
	④ ㉠+㉡+㉢=17이라고 한 경우	4
답	17을 쓴 경우	2
	총점	15

오답 제로를 위한 **채점 기준표**

 **핵심유형 2** (세 자리 수)×(두 자리 수)

STEP 1 ··· P. 47

1단계 450, 14, 10000

2단계 거스름돈

3단계 곱하여, 뺍니다

4단계 450, 14, 6300 / 10000 / 6300, 3700

5단계 3700

STEP 2 ··· P. 48

1단계 4005, 5000, 63

2단계 이익금

3단계 이익금, 곱합니다

4단계 5000, 4005, 955 / 955, 63, 62685

5단계 따라서 문구점이 얻을 수 있는 총 이익금은 62685원입니다.

STEP 3 ··· P. 49

❶

풀이 9840 / 9840, 160, 10168 / 10168, 168 / 160, 30

답　　30

세부 내용		점수
풀이 과정	① □=30일 때, 328×30=9840이므로 10000과의 차를 160으로 나타낸 경우	3
	② □=31일 때, 328×31=10168이므로 10000과의 차를 168로 나타낸 경우	3
	③ □를 30이라 한 경우	3
답	30을 쓴 경우	1
총점		10

❷

풀이　□=40일 때, 467×40=18680입니다.
　　　□=42일 때, 467×42=19614이므로 20000과의 차는
　　　20000-19614=386입니다.
　　　□=43일 때, 467×43=20081이므로 20000과의 차는
　　　20081-20000=81입니다. 386>81이므로
　　　□=43일 때 곱이 20000에 가장 가깝습니다.

답　　43

세부 내용		점수
풀이 과정	① □=42일 때, 467×42=19614이므로 20000과의 차는 386이라고 한 경우	5
	② □=43일 때, 467×43=20081이므로 20000과의 차는 81이라고 한 경우	5
	③ □를 43이라고 한 경우	3
답	43을 쓴 경우	2
총점		15

 **핵심유형 3**

몫이 한 자리 수인 (세 자리 수)÷(두 자리 수)

STEP 1 .... P. 50

1단계　107, 20

2단계　과자

3단계　나누고

4단계　107, 20, 5, 7 / 5, 7

5단계　7

STEP 2 .... P. 51

1단계　203, 27

2단계　동화책, 며칠

3단계　나눕니다

4단계　203, 27, 7, 14 / 7, 14

5단계　따라서 동화책을 다 읽으려면 적어도 8일이 걸립니다.

STEP 3 .... P. 52

❶

풀이　작게, 크게 / 234, 76 / 234, 76, 3, 6, 3

답　　3

세부 내용		점수
풀이 과정	① 가장 작은 세 자리 수는 234라고 한 경우	3
	② 가장 큰 두 자리 수는 76이라고 한 경우	3
	③ 234÷76=3…6이라고 계산한 경우	3
답	3이라고 쓴 경우	1
총점		10

❷

풀이　몫이 가장 작으려면 나누어지는 수는 가장 작게, 나누는
　　　수는 가장 크게 만듭니다. 1<2<3<4<5이므로 수 카드로
　　　만들 수 있는 가장 작은 세 자리 수는 123, 가장 큰 두
　　　자리 수는 54입니다. 따라서 123÷54=2…15이므로 몫
　　　은 2입니다.

답　　2

세부 내용		점수
풀이 과정	① 가장 작은 세 자리 수는 123이라고 한 경우	5
	② 가장 큰 두 자리 수는 54라고 한 경우	5
	③ 123÷54=2…15라고 계산한 경우	3
답	2라고 쓴 경우	2
총점		15

 제시된 풀이는 **모범답안**이므로
채점 기준표를 참고하여 채점하세요.

핵심유형 4 몫이 두 자리 수인
(세 자리 수)÷(두 자리 수)

STEP 1 .... P. 53

1단계 672, 56

2단계 나무

3단계 나눕니다

4단계 672, 56 / 12

5단계 12

STEP 2 .... P. 54

1단계 528, 양쪽, 33

2단계 나무

3단계 1, 양쪽

4단계 528, 33, 16 / 16, 17 / 17, 34

5단계 따라서 나무는 모두 34그루가 필요합니다.

STEP 3 .... P. 55

❶

풀이 25 / 크고, 작습니다 / 24, 649, 625

답 649, 625

오답 제로를 위한 **채점 기준표**

	세부 내용	점수
풀이 과정	① △를 25보다 작은 수라고 한 경우(같은 의미를 갖게 설명한 경우)	3
	② △=24일 때 가장 큰 □=649라고 한 경우	3
	③ △=0일 때 가장 작은 □=625라고 한 경우	3
답	629, 625를 쓴 경우	1
	총점	10

❷

풀이 나머지는 나누는 수보다 작아야 하므로 △는 38보다 작은 수입니다. △=37일때 □가 가장 크고, △=0일 때 □가 가장 작으므로 두 번째로 큰 수는 △=36일 때이고, 두 번째로 작은 수는 △=1일 때입니다. 따라서 □ 안에 들어갈 수 있는 수 중에서 두 번째로 큰 수는 38×

26=988에서 988+36=1024이고, 두 번째로 작은 수는 38×26=988에서 988+1=989입니다.

답 1024, 989

오답 제로를 위한 **채점 기준표**

	세부 내용	점수
풀이 과정	① △를 38보다 작은 수라고 한 경우(같은 의미를 갖게 설명한 경우)	3
	② △=36일 때 두 번째로 큰 □=1024라고 한 경우	5
	③ △=1일 때 두 번째로 작은 □=989라고 한 경우	5
답	1024, 989를 쓴 경우	2
	총점	15

실력 다지기 .... P. 56

❶

풀이 (골프공의 수)=(한 상자의 골프공의 수)×(상자의 수)
=16×125=125×16=2000(개)
(탁구공의 수)=(한 상자의 탁구공의 수)×(상자의 수)=20×300=300×20=6000(개)
따라서 (골프공과 탁구공의 수)=(골프공의 수)+(탁구공의 수)=2000+6000=8000(개)입니다.

답 8000개

오답 제로를 위한 **채점 기준표**

	세부 내용	점수
풀이 과정	① 골프공의 수를 2000개로 구한 경우	6
	② 탁구공의 수를 6000개로 구한 경우	6
	③ 전체 공의 수를 8000개로 구한 경우	6
답	8000개를 쓴 경우	2
	총점	20

❷

풀이 (광희가 판 연필 상자의 수)=(연필 수)÷(한 상자에 담은 연필 수)=156÷12=13(상자)
(광희가 연필을 판 금액)=(연필 한 상자의 값)×(상자의 수)=150×13=1950(원)
(시안이가 판 구슬 봉지의 수)=(구슬 수)÷(한 봉지에 담은 구슬 수)=196÷14=14(봉지)
(시안이가 구슬을 판 금액)=(구슬 한 봉지의 값)×(봉지의 수)=150×14=2100(원)

1950원 < 2100원이므로 받은 금액이 더 많은 사람은 시안입니다.

답 시안

오답 제로를 위한 **채점 기준표**		
세부 내용		점수
풀이 과정	① 연필 상자의 수를 13개라 한 경우	4
	② 연필 판 금액을 1950원이라 한 경우	4
	③ 구슬 봉지의 수를 14봉지라 한 경우	4
	④ 구슬 판 금액을 2100원이라 한 경우	4
	⑤ 판 금액이 더 많은 사람을 시안이라 한 경우	2
답	시안이라 쓴 경우	2
총점		20

❸

풀이 1분=60초이므로 (종국이와 친구들이 1초 동안 한 줄넘기 횟수)=(1분 동안 한 줄넘기 횟수)÷60=120÷60=2 입니다. 따라서 1초에 2번 줄넘기를 한 것입니다.

답 2번

오답 제로를 위한 **채점 기준표**		
세부 내용		점수
풀이 과정	① 1분=60초라고 쓴 경우	6
	② 120÷60=2라 한 경우	6
	③ 1초에 2번 한 것이라고 한 경우	6
답	2번이라고 쓴 경우	2
총점		20

❹

풀이 (닭 122마리가 일주일 동안 낳는 달걀의 수)
＝(한 마리가 일주일 동안 낳는 달걀의 수)×(닭의 수)
＝8×122=122×8=976(개)이고
(34주 동안 낳은 달걀의 수)
＝(일주일 동안 낳은 달걀의 수)×(주 수)
＝976×34=33184(개)입니다.

답 33184개

오답 제로를 위한 **채점 기준표**		
세부 내용		점수
풀이 과정	① 닭 122마리가 일주일 동안 낳는 달걀의 수를 976개로 구한 경우	8
	② 34주 동안 낳은 달걀의 수를 976×34로 나태내고 33184개라 한 경우	10
답	33184개를 쓴 경우	2
총점		20

.... P. 58

문제 달걀 한 판은 30개입니다. 달걀 450개를 30개씩 담으면 모두 몇 판이 되는지 풀이 과정을 쓰고, 답을 구하세요.

오답 제로를 위한 **채점 기준표**		
세부 내용		점수
문제	① 달걀 한 판이 30개임을 쓴 경우	5
	② 달걀 450개를 나타낸 경우	5
	③ 달걀 450개를 30개씩 나누는 문제를 만든 경우	5
총점		15

 제시된 풀이는 **모범답안**이므로
채점 기준표를 참고하여 채점하세요.

4단원 평면도형의 이동

 **핵심유형 1** 평면도형 밀기, 평면도형 뒤집기

STEP 1 .... P. 60

1단계 (가), (다)

2단계 오른쪽, 아래쪽

3단계 밀면, 위치

4단계 오른쪽, 같은, 같습니다

5단계 (가)

STEP 2 .... P. 61

1단계 (나), (다)

2단계 오른쪽, 2, 뒤집기

3단계 같습니다

4단계 오른쪽, 오른쪽 / 2, 같습니다

5단계 따라서 왼쪽 도형을 오른쪽으로 2번 뒤집었을 때의 도형은 (다)입니다.

STEP 3 .... P. 62

❶

풀이 왼쪽, 돔 , 아래쪽, 문 , 문

답 문

오답 제로를 위한 **채점 기준표**

	세부 내용	점수
풀이 과정	① 곰 을 오른쪽으로 뒤집으면 돔 이 된다고 한 경우	3
	② 돔 을 아래쪽으로 뒤집으면 문 이 된다고 한 경우	3
	③ 곰 을 오른쪽으로 뒤집고 아래쪽으로 뒤집으면 문 이 된다고 한 경우	3
답	문 을 쓴 경우	1
	총점	10

❷

풀이 녹 을 위쪽으로 뒤집으면 위쪽과 아래쪽이 바뀌므로 이 되고 다시 왼쪽으로 뒤집으면 왼쪽과 오른쪽이 바뀌므로 눅 이 됩니다. 따라서 녹 을 위쪽으로 뒤집고 왼쪽으로 뒤집으면 눅 이 됩니다.

답 눅

오답 제로를 위한 **채점 기준표**

	세부 내용	점수
풀이 과정	① 녹 을 위쪽으로 뒤집으면 이 된다고 한 경우	5
	② 을 왼쪽으로 뒤집으면 눅 이 된다고 한 경우	5
	③ 녹 을 위쪽으로 뒤집고 왼쪽으로 뒤집으면 눅 이 된다고 한 경우	3
답	눅 을 쓴 경우	2
	총점	15

 **핵심유형 2** 평면도형 돌리기, 평면도형 뒤집고 돌리기

STEP 1 .... P. 63

1단계 (가), (나)

2단계 시계, 90

3단계 시계, 90, 오른쪽

4단계 90 / 오른쪽, 아래쪽, 왼쪽 / 위쪽

5단계 90, (나)

STEP 2 .... P. 64

1단계 0, 9

2단계 180, 같은

3단계 180, 돌리기

4단계 180

0○0	I○I	2○2	3○E
4○h	5○5	6○9	7○L
8○8	9○6		

5단계 따라서 시계 방향으로 180°만큼 돌렸을 때 처음 수와 같은 수들은 0, 1, 2, 5, 8입니다.

❶

풀이 268, 268 / 180, 892 / 180 / 268, 892, 1160

답 1160

오답 제로를 위한 **채점 기준표**		
	세부 내용	점수
풀이 과정	① 가장 작은 세 자리 수를 268로 나타낸 경우	3
	② 시계방향으로 180°만큼 돌려서 만들어지는 수를 892라고 한 경우	3
	③ 두 수의 합을 1160이라고 한 경우	3
답	1160을 쓴 경우	1
	총점	10

❷

풀이 수 카드로 만들 수 있는 가장 큰 세 자리 수는 951이고, 951을 시계 반대 방향으로 180°만큼 돌려서 만들어지는 수는 156입니다. 따라서 만든 세 자리 수를 시계 반대 방향으로 180°만큼 돌려서 만들어지는 수와 처음 수와의 차는 951-156=795입니다.

답 795

오답 제로를 위한 **채점 기준표**		
	세부 내용	점수
풀이 과정	① 가장 큰 세 자리 수를 951이라 한 경우	5
	② 시계 반대 방향으로 180°만큼 돌려서 만들어지는 수를 156으로 구한 경우	5
	③ 두 수의 차를 795라고 한 경우	3
답	795를 쓴 경우	2
	총점	15

실력 다지기 ······················· P. 66

❶

풀이 ㉠ 위로 한 번 뒤집으면 ▷이고 오른쪽으로 밀면 ▷입니다. ㉡ 아래로 한 번 뒤집으면 ▷이고 시계 반대 방향으로 180°만큼 돌리면 ◁입니다. ㉢ 시계 방향으로 180°만큼 돌리면 ◁이고 왼쪽으로 3번 뒤집으면 ▷입니다. ㉣ 시계 방향으로 90°만큼 돌리면 ▽이고

시계 반대 방향으로 90°만큼 돌리면 ▷입니다. 따라서 처음 도형과 다른 것은 ㉡입니다.

답 ㉡

오답 제로를 위한 **채점 기준표**		
	세부 내용	점수
풀이 과정	① ㉠, ㉢, ㉣은 처음과 같다고 한 경우	7
	② ㉡을 이동해 ◁이 된다고 한 경우	7
	③ 처음 도형과 다른 것을 ㉡이라고 한 경우	4
답	㉡을 쓴 경우	2
	총점	20

❷

풀이 주어진 숫자를 위쪽으로 뒤집으면

| 5 3 н 2 2 5 | 8 2 이고 처음 숫자와 같은 숫자가 되는 것은 | 3 8 이므로 만든 가장 큰 수는 831입니다. 주어진 숫자를 시계 방향으로 180°만큼 돌리면 | 2 ε н 5 9 ∟ 8 6 이고 처음 숫자와 같은 숫자가 되는 것은 | 2 5 8 이므로 만들 수 있는 가장 작은 수는 1258입니다. 따라서 만든 두 수의 합은 831+1258=2089입니다.

답 2089

오답 제로를 위한 **채점 기준표**		
	세부 내용	점수
풀이 과정	① 위쪽으로 뒤집으면 | 5 3 н 2 2 5 | 8 2 이라고 한 경우	4
	② 1, 3, 8로 가장 큰 수 831을 만든 경우	4
	③ 시계방향으로 180°만큼 돌리면 | 2 ε н 5 9 ∟ 8 6 이라고 한 경우	4
	④ 1, 2, 5, 8로 가장 작은 수 1258을 만든 경우	4
	⑤ 두 수의 합을 2089라고 한 경우	2
답	2089를 쓴 경우	2
	총점	20

제시된 풀이는 **모범답안**이므로 **채점 기준표**를 참고하여 채점하세요.

❸

풀이 ⬜ 를 오른쪽으로 뒤집으면 ⬜ 와 같고, 다시 아래쪽으로 뒤집은 (나)는 ⬜ 입니다. (가)와 (나)를 꼭 맞게 겹치면 ⬛ 이므로 겹치는 칸은 ⬜ 와 같습니다. 따라서 (가)와 (나)를 꼭 맞게 겹치면 겹치는 칸은 모두 7칸입니다.

답 7칸

	세부 내용	점수
풀이 과정	① (가)를 오른쪽으로 뒤집고 다시 아래로 뒤집어 (나)를 표현한 경우	6
	② (가)와 (나)를 겹친 모양을 나타낸 경우	6
	③ 색칠된 칸 중 겹치는 칸을 표시하고 7칸이라고 한 경우	6
답	7칸을 쓴 경우	2
총점		20

❹

풀이 ㉠에 넣을 수 있는 도형 (라)이고, 시계 방향으로 90°만큼 돌린 후 위(또는 아래)쪽으로 뒤집어서 넣어 줍니다. ㉡에 넣을 수 있는 도형은 (가)이고, 왼(또는 오른)쪽으로 뒤집은 후 시계 반대 방향으로 90°만큼 돌려서 넣어 줍니다. (이 외의 방법도 가능합니다.)

답 ㉠ : (라), ㉡ : (가)

	세부 내용	점수
풀이 과정	① ㉠에 넣을 수 있는 도형을 (라)라고 한 경우	3
	② ㉠으로 이동하는 방법을 설명한 경우	6
	③ ㉡에 넣을 수 있는 도형을 (가)라고 한 경우	3
	④ ㉡으로 이동하는 방법을 설명한 경우	6
답	㉠ : (라), ㉡ : (가)를 쓴 경우	2
총점		20

나만의 문제 만들기

P. 70

문제 주어진 글자를 위쪽으로 뒤집고 시계 반대 방향으로 180°만큼 돌렸을 때 나온 모양이 다시 글자가 되는 것은 무엇인지 구하려고 합니다. 풀이 과정을 쓰고, 답을 구하세요.

독웅복만집

	세부 내용	점수
문제	① 글자를 표현하고 위쪽으로 뒤집는다고 한 경우	5
	② 다시 시계 반대 방향으로 180°만큼 돌린다고 한 경우	5
	③ 다시 글자가 되는 것을 구하라고 한 경우	5
총점		15

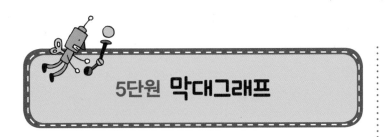

5단원 막대그래프

핵심유형 1 막대그래프, 막대그래프 그리기

STEP 1 .... P. 72

1단계 배, 막대

2단계 배, 많은

3단계 많은, 차

4단계 4 / 짧은, 달콤, 16 / 긴, 햇살, 40 / 40, 16, 24

5단계 24

STEP 2 .... P. 73

1단계 막대

2단계 배추, 많은

3단계 많은, 차

4단계 5 / 긴, (라) / 35 / 긴, (다) / 25 / 35, 25, 10

5단계 따라서 판매량이 가장 많은 가게와 두 번째로 많은 가게의 판매량의 차는 10포기입니다.

STEP 3 .... P. 74

❶

풀이 학생 수, 10 / 10, 2 / 안경, ㉡

답 ㉡

	세부 내용	점수
풀이 과정	① ㉠ 세로는 '학생 수', 가로는 '반'이라 한 경우	3
	② ㉡ 막대의 길이는 각 반의 안경 쓴 학생 수라고 한 경우	3
	③ 옳은 것을 ㉡이라 한 경우	3
답	㉡을 쓴 경우	1
	총점	10

❷

풀이 ㉠ 가로는 색깔을 나타냅니다. ㉡ 세로 눈금 5칸이 5명을 나타내므로 (세로 눈금 한 칸)=5÷5=1(명)입니다. ㉢ 막대의 길이가 가장 긴 색깔은 보라이므로 학생들이 가장 좋아하는 색깔은 보라입니다. 따라서 설명이 옳은 것은 ㉡입니다.

답 ㉡

	세부 내용	점수
풀이 과정	① ㉠ 가로는 '색깔', 세로는 '학생 수'라고 한 경우	5
	② ㉢ 막대 길이가 가장 긴 보라를 가장 많이 좋아한다고 한 경우	5
	③ 옳은 것을 ㉡이라 한 경우	3
답	㉡을 쓴 경우	2
	총점	15

핵심유형 2 자료를 조사하여 막대그래프 그리기, 막대그래프로 이야기 만들기

STEP 1 .... P. 76

1단계 표, 가로, 세로

2단계 막대그래프

3단계 1

4단계 7 / 5, 3, 5, 4

5단계
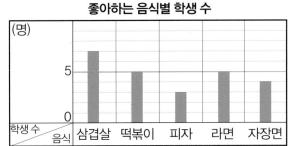
좋아하는 음식별 학생 수

제시된 풀이는 **모범답안**이므로 **채점 기준표**를 참고하여 채점하세요.

1단계 표, 가로, 가로

2단계 막대그래프

3단계 1

4단계 9, 4 / 8, 3

5단계

하고 싶은 운동별 학생 수

STEP 3 ·· P. 78

❶

풀이 1 / 4, 4 / 4, 22, 3 / 3, 4

답 ㉠=3, ㉡=4

오답 제로를 위한 **채점 기준표**	
세부 내용	점수
풀이 과정	① 세로 눈금 한 칸이 1명을 나타낸다고 한 경우	3
	② 배는 4명이라 ㉡=4라고 한 경우	3
	③ ㉠을 3이라 한 경우	3
답	㉠=3, ㉡=4를 쓴 경우	1
총점		10

❷

풀이 세로 눈금 5칸이 10병이므로 세로 눈금 한 칸은 10÷5=2(병)입니다. (나) 가게에서 팔린 오렌지 주스의 수는 세로 눈금 7칸으로 2×7=14(병)이므로 ㉠은 14입니다. 표의 합계를 이용하면 6+14+18+㉡=50이므로 ㉡=12입니다. 따라서 ㉠과 ㉡의 차는 14-12=2입니다.

답 2

오답 제로를 위한 **채점 기준표**	
세부 내용	점수
풀이 과정	① 세로 눈금 한 칸이 2병이라 한 경우	2
	② ㉠=14라 한 경우	4
	③ ㉡=12라 한 경우	4
	④ ㉠과 ㉡의 차를 2라 한 경우	3
답	2를 쓴 경우	2
총점		15

 **실력** 다지기 ·· P. 80

❶

풀이 농구를 좋아하는 학생 수를 □라고 하면 축구를 좋아하는 학생 수는 □+12입니다. 표의 합계를 이용하면 □+12+12+□+16+24=92이고 □+□=92-64=28이므로 □=14입니다. 농구를 좋아하는 학생 수는 14명이고 축구를 좋아하는 학생 수는 26명이므로 축구를 좋아하는 학생이 가장 많습니다. 따라서 세로 눈금은 적어도 26명까지 나타낼 수 있어야 합니다.

답 26명

오답 제로를 위한 **채점 기준표**	
세부 내용	점수
풀이 과정	① 농구 : □명, 축구 : (□+2)명이라 한 경우	3
	② 식을 세운 경우: □+12+12+□+16+24=92	4
	③ □=14라 한 경우	5
	④ 학생 수가 가장 많은 운동 종목을 축구라 한 경우	3
	⑤ 세로 눈금이 적어도 26명까지 나타낼 수 있어야 한다고 한 경우	3
답	26명을 쓴 경우	2
총점		20

❷

풀이 막대그래프의 세로 눈금 한 칸은 10÷5=2(명)을 나타냅니다. 첼로가 취미인 학생 수는 6명이므로 피아노가 취미인 학생 수는 6+2=8(명)입니다. 게임이 취미인 학생 수는 12명이므로 6+12+8+(축구가 취미인 학생 수)=34, (축구가 취미인 학생 수)=34-26=8(명)입니다. 따라서 축구가 취미인 학생 수를 나타내는 막대는 세로 눈금 8÷2=4(칸)입니다.

답 4칸

오답 제로를 위한 **채점 기준표**	
세부 내용	점수
풀이 과정	① 세로 눈금 한 칸이 2명이라 한 경우	3
	② 피아노가 취미인 학생 수를 8명으로 구한 경우	5
	③ 축구가 취미인 학생 수를 8명으로 구한 경우	5
	④ 축구를 세로 눈금 4칸인 막대로 나타낸다고 한 경우	5
답	4칸을 쓴 경우	2
총점		20

❸

풀이 막대그래프에서 세로 눈금 한 칸은 1명을 나타내므로 바이킹은 한 칸에 4명씩 탈 수 있습니다. 24명이 한꺼번에 바이킹을 타려면 바이킹은 적어도 24÷4=6(칸) 있어야 합니다.

답 6칸

오답 제로를 위한 **채점 기준표**

	세부 내용	점수
풀이 과정	① 세로 눈금 한 칸은 1명이라 한 경우	6
	② 바이킹은 한 칸에 4명씩 탈 수 있다 한 경우	6
	③ 바이킹은 적어도 6칸 있어야 한다고 한 경우	6
답	6칸을 쓴 경우	2
	총점	20

❹

풀이 2017년 이후 65세 이상 인구 구성비가 0세~14세 인구 구성비보다 커질 것 같습니다.

이유 : 0세~14세 인구 구성비는 점점 낮아지고 65세 이상 인구 구성비는 점점 높아지고 있기 때문입니다.

오답 제로를 위한 **채점 기준표**

	세부 내용	점수
풀이 과정	① 65세 이상 인구 구성비가 커진다고 한 경우	10
	② 65세 이상 인구 구성비가 점점 늘기 때문이라 한 경우	10
	총점	20

 .... P. 84

문제 표와 막대그래프 중 전체 학생 수를 구하기에 더 편리한 것은 무엇인지 풀이 과정을 쓰고, 답을 구하세요.

오답 제로를 위한 **채점 기준표**

	세부 내용	점수
문제	① 표와 막대그래프를 언급한 경우	7
	② 조건을 만족하는 문제를 만든 경우	8
	총점	15

제시된 풀이는 **모범답안**이므로 **채점 기준표**를 참고하여 채점하세요.

6단원 규칙 찾기

핵심유형 1 수의 배열에서 규칙 찾기

STEP 1 .... P. 86

1단계 배열표

2단계 ㉠, ㉢

3단계 규칙, ㉢

4단계 10, 100 / 10, 41, 10, 131 / 100, 321

5단계 41, 131, 321

STEP 2 .... P. 87

1단계 배열표

2단계 합

3단계 규칙, 더합니다

4단계 22, 1000 / 20, 8131 / 1000, 6171 / 8131, 6171, 14302

5단계 따라서 ㉠과 ㉢의 합은 14302입니다.

STEP 3 .... P. 88

❶

풀이 일 / 1404, 1421, 1 / 19, 1322, 2

답 ■:1, ▲:2

	세부 내용	점수
풀이 과정	① 수 배열표의 규칙 찾은 경우	5
	② ■=1로 구한 경우	2
	③ ▲=2로 구한 경우	2
답	■:1, ▲:2로 쓴 경우	1
	총점	10

오답 제로를 위한 **채점 기준표**

❷

풀이 색칠한 가로줄과 세로줄의 두 수의 곱에서 일의 자리 숫자를 쓰는 규칙입니다. 따라서 13×12=156이므로 ■는 6이고 14×14=196이므로 ▲는 6입니다.

답 ■:6, ▲:6

오답 제로를 위한 **채점 기준표**

	세부 내용	점수
풀이 과정	① 수 배열표의 규칙을 찾은 경우	5
	② ■=6을 구한 경우	4
	③ ▲=6을 구한 경우	4
답	■:6, ▲:6으로 쓴 경우	2
	총점	15

핵심유형 2 도형의 배열에서 규칙 찾기

STEP 1 .... P. 89

1단계 정사각형

2단계 다섯째, 정사각형

3단계 정사각형, 다섯째

4단계 3, 10, 3 / 5, 10, 15

5단계 15

STEP 2 .... P. 90

1단계 정사각형

2단계 다섯째

3단계 다섯째

4단계 4, 10, 3 / 3, 13

5단계 따라서 다섯째에 이용된 정사각형의 수는 13개입니다.

STEP 3 .... P. 91

❶

풀이 시계, 1, 시계반대 / 2,

답

오답 제로를 위한 **채점 기준표**

❷

풀이　색칠하지 않은 사각형이 한 개씩 늘어나면서 시계 반대 방향으로 90°만큼씩 돌리는 규칙입니다. 따라서 다섯째 도형은 ⬜⬜⬜⬜▨ 입니다.

답　⬜⬜⬜⬜▨

오답 제로를 위한 **채점 기준표**

	세부 내용	점수
풀이 과정	① 사각형이 1개씩 늘어난다고 한 경우	4
	② 시계 반대 방향으로 90°만큼씩 돌리는 규칙이라 한 경우	4
	③ 다섯째 ⬜⬜⬜⬜▨ 를 나타낸 경우	5
답	답을 ⬜⬜⬜⬜▨ 라 한 경우	2
	총점	15

핵심유형 ❸ **계산식에서 규칙 찾기**

STEP 1 ·· P. 92

1단계　덧셈

2단계　덧셈

3단계　덧셈, 덧셈

4단계　30, 100 / 130 / 30, 213, 100 / 423, 130, 636

5단계　213+423=636

STEP 2 ·· P. 93

1단계　곱셈

2단계　다섯, 곱셈

3단계　곱셈, 곱셈

4단계　12345679, 3 / 333333333, 아홉 / 12345679 / 5, 45 / 555555555

5단계　따라서 다섯째 빈칸에 알맞은 곱셈식은 12345679× 45=555555555입니다.

STEP 3 ·· P. 94

❶

풀이　123, 9 / 1, 0, 1 / 12345, 9, 111105

답　12345×9=111105

오답 제로를 위한 **채점 기준표**

	세부 내용	점수
풀이 과정	① 곱해지는 수의 규칙을 찾은 경우	3
	② 계산의 결과에서 규칙을 찾은 경우	3
	③ 다섯째 칸에 올 계산식을 12345×9=111105라고 한 경우	3
답	12345×9=111105라고 쓴 경우	1
	총점	10

❷

풀이　111111, 222222, 333333, ……와 같이 111111의 1배, 2배, 3배,……인 수를 3, 6, 9,……와 같이 3의 1배, 2배, 3배,……인 수로 나누면 몫이 37037로 모두 같습니다. 따라서 여섯째에 올 계산식은 111111의 6배인 수를 3의 6배인 수로 나누면 666666÷18=37037입니다.

답　666666÷18=37037

오답 제로를 위한 **채점 기준표**

	세부 내용	점수
풀이 과정	① 나누어지는 수의 규칙을 찾은 경우	3
	② 나누는 수의 규칙을 찾은 경우	3
	③ 몫에 대한 규칙을 찾은 경우	3
	④ 여섯째 계산식을 666666÷18=37037이라 한 경우	4
답	666666÷18=37037이라고 쓴 경우	2
	총점	15

제시된 풀이는 **모범답안**이므로 **채점 기준표**를 참고하여 채점하세요.

 **규칙적인 계산식 찾기**

STEP 1 .... P. 95

1단계 달력

2단계 9, 합

3단계 합, 9, 몫

4단계 합 / 16, 17, 18 / 153, 153, 17

5단계 17

STEP 2 .... P. 96

1단계 달력, 153

2단계 117, 가운데

3단계 가운데, 117, 가운데

4단계 9, 117 / 117, 13

5단계 따라서 합이 117이 되는 9개의 수 중 가운데 수는 13입니다.

STEP 3 .... P. 97

①

풀이 1200, 100 / 1500, 800, 1700

답 1700

 **채점 기준표**

세부 내용		점수
풀이 과정	① 수의 규칙을 찾아 설명한 경우	5
	② 빈칸에 알맞은 계산식이 1500+1000−800=1700이라고 한 경우	4
답	1500+1000−800=1700이라고 쓴 경우	1
총점		10

②

풀이 나눗셈의 몫인 1, 21, 321, ⋯⋯의 가장 높은 자리 숫자는 순서를 나타내는 수와 같습니다. 몫 654321의 가장 높은 자리 숫자가 6이므로 여섯째 나눗셈식을 구해야 합니다. 나누어지는 수는 둘째 식부터 가장 높은 자리 숫자가 1부터 1씩 커지고 8이 1개에서부터 1개씩 늘어나며

일의 자리 숫자는 9로 같습니다. 나누는 수는 9로 모두 같으므로 여섯째 나눗셈식은 5888889÷9=654321입니다. 따라서 계산 결과가 654321이 되는 나눗셈식은 5888889÷9=654321입니다.

답 5888889÷9=654321

채점 기준표

세부 내용		점수
풀이 과정	① 수의 규칙을 찾아 설명한 경우	7
	② 빈칸에 알맞은 계산식이 5888889÷9=654321이라고 한 경우	6
답	5888889÷9=654321이라고 쓴 경우	2
총점		15

실력 다지기 .... P. 98

①

풀이 각 순서마다 위에서부터 흰 바둑돌과 검은 바둑돌이 번갈아 가며 놓여 있고 개수는 1개부터 1개씩 늘어납니다. 열셋째에서 흰 바둑돌의 수는 1+3+5+7+9+11+13=49(개)이고 검은 바둑돌의 수는 2+4+6+8+10+12=42(개)이므로 흰 바둑돌과 검은 바둑돌의 개수의 차는 49−42=7(개)입니다.

답 7개

채점 기준표

세부 내용		점수
풀이 과정	① 위에서부터 흰색, 검은색이 번갈아 가며 놓여 있다고 한 경우	5
	② 바둑돌의 수가 1개씩 늘어난다고 한 경우	4
	③ 열셋째에서 흰 바둑돌의 수를 49개로 구한 경우	3
	④ 열셋째에서 검은 바둑돌의 수를 42개로 구한 경우	3
	⑤ 개수의 차를 7개로 구한 경우	3
답	7개를 쓴 경우	2
총점		20

②

풀이 순서에 따라 각 변에 놓인 정사각형의 개수는 1개, 2개, 3개, ⋯⋯로 1개씩 늘어납니다. 다섯째에는 각 변에 놓인 정사각형의 개수가 5개이므로 가장 작은 정사각형은 5×5=25(개)입니다.

답 25개

세부 내용		점수
풀이 과정	① 정사각형의 개수가 늘어남을 설명한 경우	6
	② 다섯째 그림에는 각 변에 놓인 정사각형의 개수가 5개 라고 한 경우	6
	③ 가장 작은 정사각형이 25개라고 한 경우	6
답	25개라고 한 경우	2
총점		20

❸

풀이　1000원짜리 지폐의 수는 1, 2, 3, 4,……로 1씩 늘어납
니다. 500원짜리 동전의 수는 1, 3, 5, 7,……로 2씩 늘
어납니다. 100원짜리 동전의 수는 1, 4, 7, 10,……로 3
씩 늘어납니다. 따라서 여섯째 달에 저금할 금액은 1000
원짜리 지폐 6장, 500원짜리 동전 11개, 100원짜리 동
전 16개이므로 6000+5500+1600=13100(원)입니다.

답　13100원

세부 내용		점수
풀이 과정	① 1000원짜리 지폐의 수가 1씩 늘어난다고 한 경우	4
	② 500원짜리 동전의 수가 2씩 늘어난다고 한 경우	4
	③ 100원짜리 동전의 수가 3씩 늘어난다고 한 경우	4
	④ 여섯째 달에 13100원이 된다고 한 경우	6
답	13100원을 쓴 경우	2
총점		20

❹

풀이　가장 윗줄에 1을 쓰고 각 줄의 처음과 끝에 1을 쓰면 가
운데 비어 있는 칸들에는 위의 이웃하는 두 수를 더해
아래 빈칸에 쓰는 규칙입니다. 가장 아랫줄을 완성하면

| 1 | 5 | 10 | 10 | 5 | 1 |

이므로 ㉠에 알맞은 수는

풀이　10입니다.

답　10

세부 내용		점수
풀이 과정	① 3에 규칙을 찾아 쓴 경우	6
	② 아래줄을 완성한 경우	6
	③ ㉠에 알맞은 수를 10이라 한 경우	6
답	10이라고 쓴 경우	2
총점		20

나만의 문제 만들기 ···················· P. 102

문제　성냥개비로 다음과 같은 정삼각형을 한 줄로 붙여서 만
들었습니다. 정삼각형을 7개 만들 때 필요한 성냥개비는
몇 개인지 풀이 과정을 쓰고, 답을 구하세요.

세부 내용		점수
문제	① 문제에 그림을 이용한 경우	5
	② 정삼각형 7개를 만든다고 언급한 경우	5
	③ 성냥개비의 수를 구하는 문제를 만든 경우	5
총점		15

 제시된 풀이는 **모범답안**이므로
채점 기준표를 참고하여 채점하세요.

MEMO

이것이 THIS IS 시리즈다!

THIS IS GRAMMAR 시리즈

▷ 중·고등 내신에 꼭 등장하는 어법 포인트 분석 및 총정리

강남인강
강의교재

THIS IS READING 시리즈

▷ 다양한 소재의 지문으로 내신 및 수능 완벽 대비

강남인강
강의교재

THIS IS VOCABULARY 시리즈

▷ 주제별로 분류한 교육부 권장 어휘

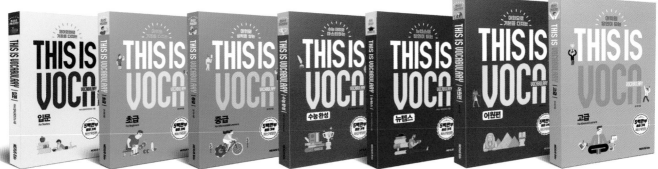

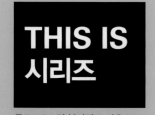

**THIS IS
시리즈**

무료 MP3 및 부가자료 다운로드
www.nexusbook.com
www.nexusEDU.kr

THIS IS GRAMMAR 시리즈

Starter 1~3	영어교육연구소 지음 ǀ 205×265 ǀ 144쪽 ǀ 각 권 12,000원
초·중·고급 1·2	넥서스영어교육연구소 지음 ǀ 205×265 ǀ 250쪽 내외 ǀ 각 권 12,000원

THIS IS READING 시리즈

Starter 1~3	김태연 지음 ǀ 205×265 ǀ 156쪽 ǀ 각 권 12,000원
1·2·3·4	넥서스영어교육연구소 지음 ǀ 205×265 ǀ 192쪽 내외 ǀ 각 권 10,000원

THIS IS VOCABULARY 시리즈

입문	넥서스영어교육연구소 지음 ǀ 152×225 ǀ 224쪽 ǀ 10,000원
초·중·고급·어원편	권기하 지음 ǀ 152×225 ǀ 180×257 ǀ 344쪽~444쪽 ǀ 10,000원~12,000원
수능 완성	넥서스영어교육연구소 지음 ǀ 152×225 ǀ 280쪽 ǀ 12,000원
뉴텝스	넥서스 TEPS연구소 지음 ǀ 152×225 ǀ 452쪽 ǀ 13,800원

넥서스에듀 홈페이지에서 제공하는 '스페셜 유형'과 '추가 문제'들로
내용을 보충하고 배운 것을 복습할 수 있습니다.

동영상 강의
무료 제공

www.nexusEDU.kr/math

넥서스에듀 홈페이지에서 제공하는 '스페셜 유형'과 '추가 문제'들로
내용을 보충하고 배운 것을 복습할 수 있습니다.

MATH IS FUN!

교과연계 초등 4학년

7권	(4-1) 4학년 1학기 과정	8권	(4-2) 4학년 2학기 과정
1	큰 수	1	분수의 덧셈과 뺄셈
2	각도	2	삼각형
3	곱셈과 나눗셈	3	소수의 덧셈과 뺄셈
4	평면도형의 이동	4	사각형
5	막대그래프	5	꺾은선그래프
6	규칙 찾기	6	다각형

교과연계 초등 5학년

9권	(5-1) 5학년 1학기 과정	10권	(5-2) 5학년 2학기 과정
1	자연수의 혼합 계산	1	수의 범위와 어림하기
2	약수와 배수	2	분수의 곱셈
3	규칙과 대응	3	합동과 대칭
4	약분과 통분	4	소수의 곱셈
5	분수의 덧셈과 뺄셈	5	직육면체
6	다각형의 둘레와 넓이	6	평균과 가능성

교과연계 초등 6학년

11권	(6-1) 6학년 1학기 과정	12권	(6-2) 6학년 2학기 과정
1	분수의 나눗셈	1	분수의 나눗셈
2	각기둥과 각뿔	2	소수의 나눗셈
3	소수의 나눗셈	3	공간과 입체
4	비와 비율	4	비례식과 비례배분
5	여러 가지 그래프	5	원의 넓이
6	직육면체의 부피와 겉넓이	6	원기둥, 원뿔, 구